EUROPA-FACHBUCHREIHE
für Metallberufe

TECHNISCHES ZEICHNEN

Metall • Basiswissen

VERLAG EUROPA-LEHRMITTEL · Nourney, Vollmer GmbH & Co. KG
Düsselberger Straße 23 · 42781 Haan-Gruiten

Europa-Nr.: 14340

Autoren
Bernhard Schellmann Wangen
Andreas Stephan Marktoberdorf

Lektorat und Leitung des Arbeitskreises
Bernhard Schellmann Wangen

Bildbearbeitung
Zeichenbüro des Verlags Europa-Lehrmittel, Ostfildern und
Grafische Produktionen Jürgen Neumann, 97222 Rimpar

Bildentwürfe: Die Autoren

Die Verwendung nur eines grammatikalischen Geschlechts bei Berufs- und Gruppenbezeichnungen wurde im Hinblick auf den Lesefluss gewählt. Sie stellt keine Meinungsäußerung zur Geschlechterrolle dar.

1. Auflage 2024
Druck 5 4 3 2 1

Alle Drucke derselben Auflage sind parallel einsetzbar, da sie bis auf die Korrektur von Druckfehlern identisch sind.

ISBN 978-3-7585-1434-0

Umschlag: Grafische Produktionen Jürgen Neumann, 97222 Rimpar
Satz: Grafische Produktionen Jürgen Neumann, 97222 Rimpar
Druck: Plump Druck & Medien GmbH, 53619 Rheinbreitbach

⟫ Vorwort

Das vorliegende Arbeitsbuch Technisches Zeichnen Metall, Basiswissen wendet sich an alle, die in der Berufsorientierungsphase, am Anfang einer metalltechnischen Ausbildung stehen, für Berufsfachschulen, das berufliche Grundbildungsjahr und andere berufsvorbereitenden Schulen.

Das Arbeitsbuch Basiswissen führt den Schüler in kleinen Schritten in die grundlegenden technischen Zusammenhänge ein, wie eine Zeichnung normgerecht erstellt wird und welche Informationen der Anwender für die Herstellung eines Bauteiles aus einer technischen Zeichnung beziehen kann.

Die einfachen, aber systematisch aufeinander aufbauenden Aufgaben zu Textverständnis, Zeichnungserstellung und Maßeintragung erfolgen an flachen, quaderförmigen und runden Bauteilen.

Die zur Bearbeitung der Aufgaben erforderlichen Basisinformationen sind in möglichst kurzen, gegliederten und bebilderten Textabschnitten den jeweiligen Aufgaben vorangestellt.

Die Lehrerausgabe enthält Lösungsvorschläge zu den einzelnen Übungsaufgaben.

Wangen, 2024 Die Autoren

» Inhaltsverzeichnis

Technische Zeichnungen

Wichtige Zeichnungsarten sind die Skizze, Teilzeichnung, Gesamt- und Gruppenzeichnung mit Stückliste und die Explosionszeichnung.

Skizze (Bild 1)

Skizzen sind meist freihändig und nicht maßstabsgetreu gefertigte Zeichnungen. Sie werden zur Unterstützung und Veranschaulichung mündlicher Erläuterungen und für einfache Einzel- und Reparaturaufträge benötigt.

Teilzeichnungen (Bild 2)

Teilzeichnungen dienen als Grundlage für die Erstellung von Arbeitsplänen, der Kalkulation und der Fertigung von Werkstücken. Sie beinhalten die Informationen zur Form des Bauteils, Maße, Toleranzen, Oberflächenangaben, Bearbeitungsvorschriften und den Werkstoff.

Gesamt- und Gruppenzeichnung (Bild 3)

In einer Baugruppenzeichnung werden Bauteile und Normteile in zusammengebautem Zustand abgebildet. Die Darstellung in Ansichten wird durch die Stückliste ergänzt. Alle Einzelteile werden mit Positionsnummern versehen, um sie in der Stückliste der entsprechenden Benennung und Bezeichnung zuzuordnen.

Sie werden als Grundlage zum Ausgestalten der Einzelteile, als Vorlage für die Montage, als Informationsmittel für Wartung und Instandsetzung und in Ersatzteilkatalogen und Bedienungsanleitungen verwendet.

Explosionszeichnung (Bild 4)

Die Explosionszeichnung zeigt Teile einer Baugruppe räumlich so angeordnet, dass ihre Zusammengehörigkeit für Kundengespräche, Werbung, Bedienungsanleitungen und Ersatzteilkataloge besonders veranschaulicht wird.

Aufgabe:

Tragen Sie bei den **Bildern 1 bis 4** jeweils die Zeichnungsart und ein Beispiel für deren Verwendung ein.

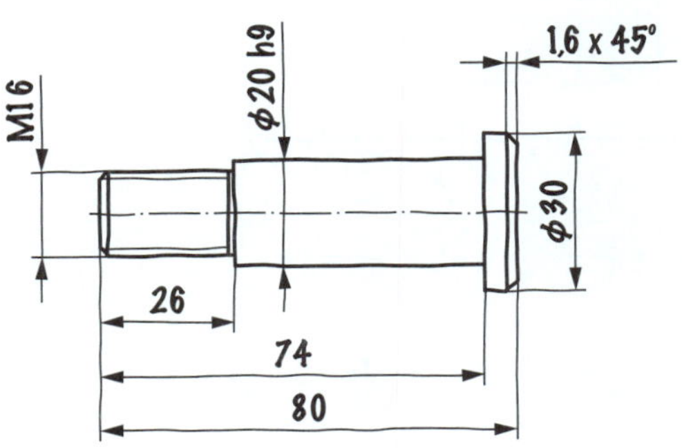

Zeichnungsart: ____________________

Verwendungsbeispiel: ____________________

____

Bild 1

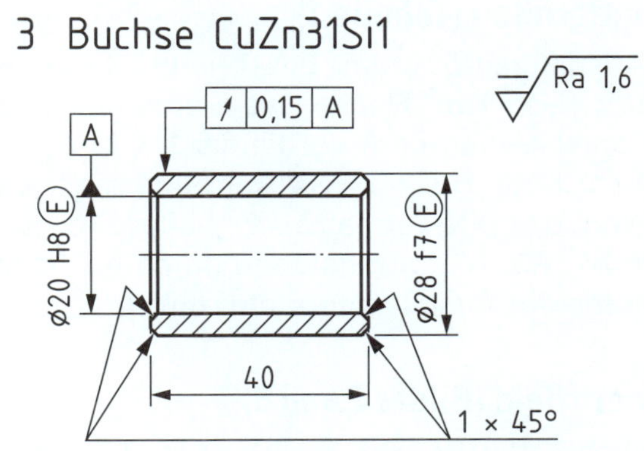

Zeichnungsart: ____________________

Verwendungsbeispiel: ____________________

____

Bild 2

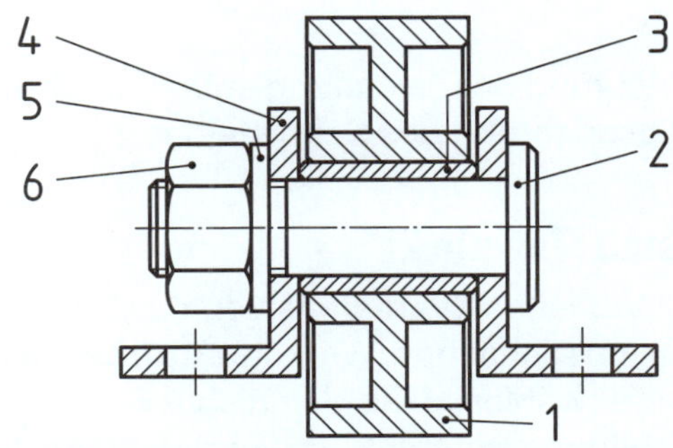

Pos. Nr.	Menge/ Einheit	Benennung	Werkstoff/Norm-Kurzbezeichnung
1	1	Rolle	EN-GJL-250
2	1	Bundbolzen	Rd 32 × 82-11SMn30
...			
6	1	Sechskantmutter	ISO 4032-M16-8

Zeichnungsart: ____________________

Verwendungsbeispiel: ____________________

____

Bild 3

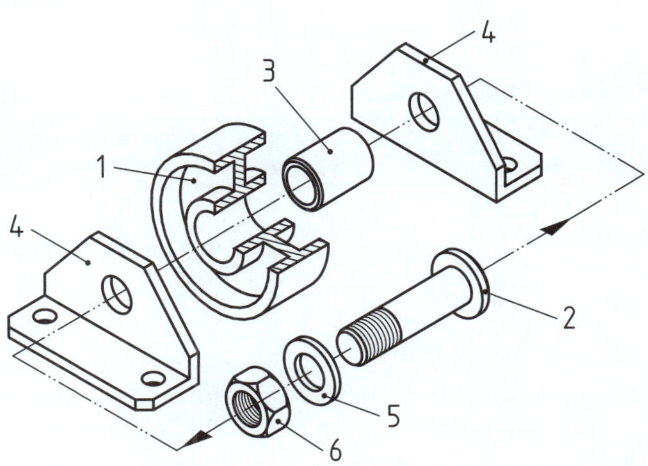

Zeichnungsart: ____________________

Verwendungsbeispiel: ____________________

____

Bild 4

Blattgrößen, Schriftfeld, Maßstäbe

Blattgrößen (Tabelle 1)

Die Ausgangsgröße des DIN-Zeichenblattes ist ein Rechteck von 1 m² Fläche. Die Seiten dieses Rechtecks entsprechen dem Verhältnis $1:\sqrt{2}$. Daraus ergeben sich die Höhe $x = 841$ mm und die Breite $y = 1189$ mm des DIN-Formates A0. Weitere Formate der Reihe A1, A2, A3, ... entstehen durch fortlaufendes Halbieren des Ausgangsformates **(Bild 1)**.

Schriftfeld (Bilder 2 und 3)

Das Schriftfeld ist im Hochformat A4 unten, bei Querformaten rechts unten angeordnet. Das Grundschriftfeld enthält allgemeine schriftliche Angaben zur Zeichnung. Zeichnungsspezifische Angaben, wie z. B. Maßstab, Projektionssinnbild und Toleranzangaben werden in der Nähe des Grundschriftfeldes angegeben.

Die Leserichtung der Zeichnung entspricht grundsätzlich der Leserichtung des Schriftfeldes.

Maßstab (Tabelle 2)

Der Maßstab ist das Verhältnis von der Darstellungsgröße zur tatsächlichen Werkstückgröße. Der Maßstab ist so zu wählen, dass eine nicht zu große bzw. zu kleine Abbildung entsteht, und in das Schriftfeld der Zeichnung einzutragen.

Tabelle 1: Formate und Blattgrößen nach Reihe A vgl. DIN EN ISO 5457

Kurzzeichen	Beschnittenes Zeichenblatt (mm)	Unbeschnittenes Zeichenblatt (mm)	Zeichenfläche (mm)
A0	841 × 1189	880 × 1230	821 × 1159
A1	549 × 841	625 × 880	574 × 811
A2	420 × 594	450 × 625	400 × 564
A3	297 × 420	330 × 450	277 × 390
A4		240 × 330	180 × 277

Tabelle 2: Maßstäbe (Auswahl) vgl. DIN ISO 5455

Vergrößerungsmaßstäbe	Natürlicher Maßstab	Verkleinerungsmaßstäbe
10:1 5:1 2:1	1:1	1:2 1:5 1:10
		1:20 1:50 1:100

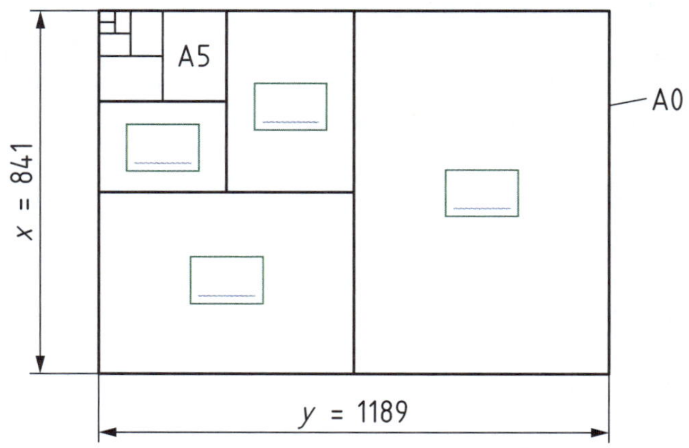

Bild 1

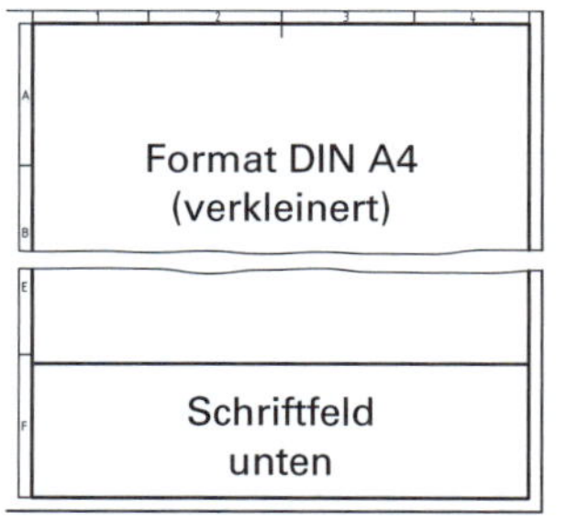

Bild 2

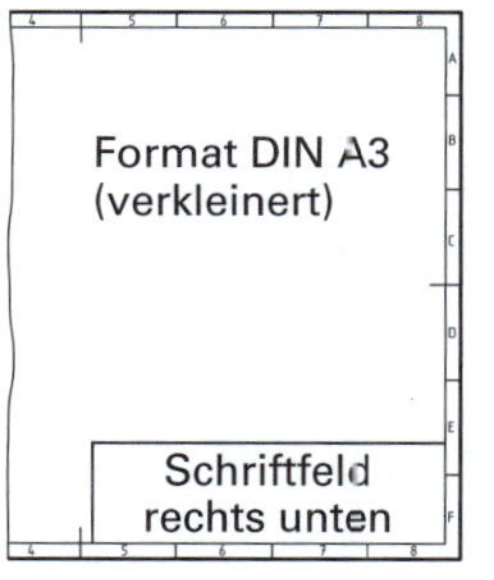

Bild 3

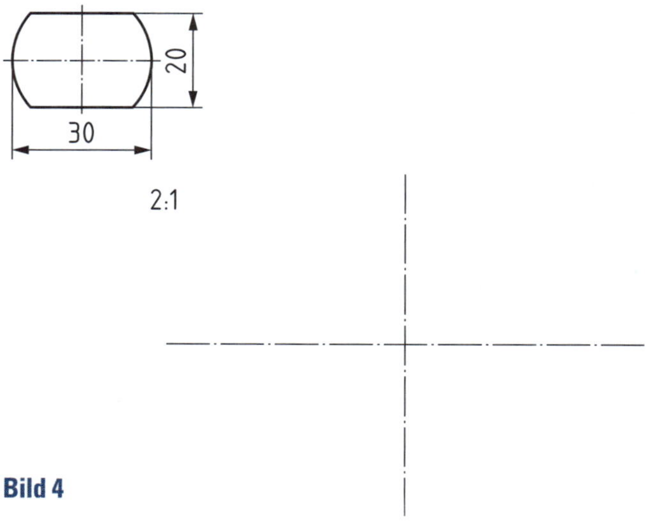

Bild 4

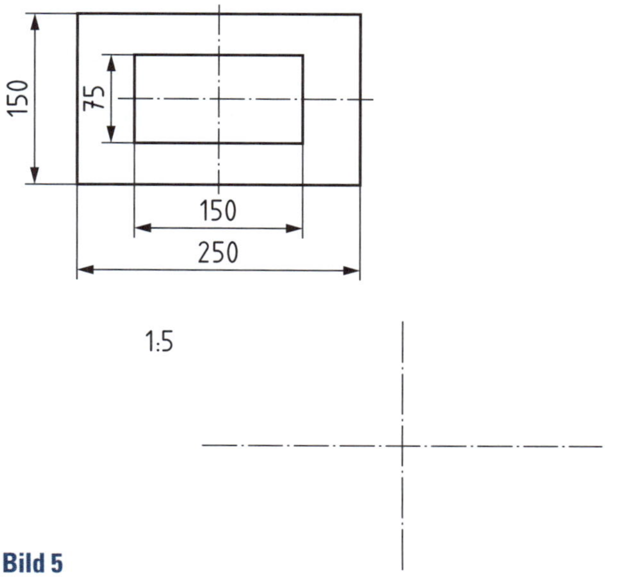

Bild 5

Aufgaben:

1. Ergänzen Sie in **Tabelle 1** die fehlenden Abmessungen für ein beschnittenes A4 Zeichenblatt.
2. Tragen Sie in **Bild 1** die Blattformate A1, A2, A3 und A4 als Ergänzung ein.
3. Zeichnen Sie das Werkstück in **Bild 4** im Maßstab 2:1 ohne Bemaßung.
4. Zeichnen Sie das Werkstück in **Bild 5** im Maßstab 1:5 ohne Bemaßung.

Linien in technischen Zeichnungen

Darstellung mit Linien

In technischen Zeichnungen müssen Werkstücke ohne Text beschrieben und dargestellt werden. Durch die genormten Linienarten können unterschiedliche Aussagen verständlich gemacht werden **(Bild 1)**.

Linien-Grundarten (Tabellen 1 und 2)

Tabelle 1 zeigt Linien-Grundarten, die zur manuellen Anfertigung von technischen Zeichnungen im Bereich Metall verwendet werden.

Neben diesen Grundarten wird die Freihandlinie, eine Variation der Volllinie, verwendet **(Tabelle 2)**.

Linienbreiten und -gruppen (Tabellen 3)

Die anzuwendende Liniengruppe richtet sich nach der Größe und dem Maßstab der Zeichnung. Eine Liniengruppe umfasst zwei Linienbreiten im Verhältnis 2:1 für breite und schmale Linien, sowie eine dritte Linienbreite für Angaben und Sinnbilder. In diesem Lehrgang wird die übliche Liniengruppe 0,5 verwendet.

Tabelle 1: Linien-Grundarten vgl. DIN EN ISO 128-2 (2022-2)

Nr.	Darstellung	Benennung
01	————————	Volllinie
02	– – – – – – – – – –	Strichlinie
04	—·—·—·—·—	Strich-Punktlinie (langer Strich)
05	—··—··—··—	Strich-Zweipunktlinie (langer Strich)

Tabelle 2: Variation der Linien-Grundart 01 vgl. DIN EN ISO 128-2 (2022-2)

Nr.	Darstellung	Benennung
01	~~~~~~	Freihandlinie

Tabelle 3: Linienbreite (Auswahl) vgl. DIN EN ISO 128-2 (2022)

Liniengruppe	zugehörige Linienbreiten (Nennmaße in mm) für		
	breite Linien	schmale Linien	Maß- und Toleranzangaben, grafische Sinnbilder
0,5	0,5	0,25	0,35
0,7	0,7	0,35	0,5

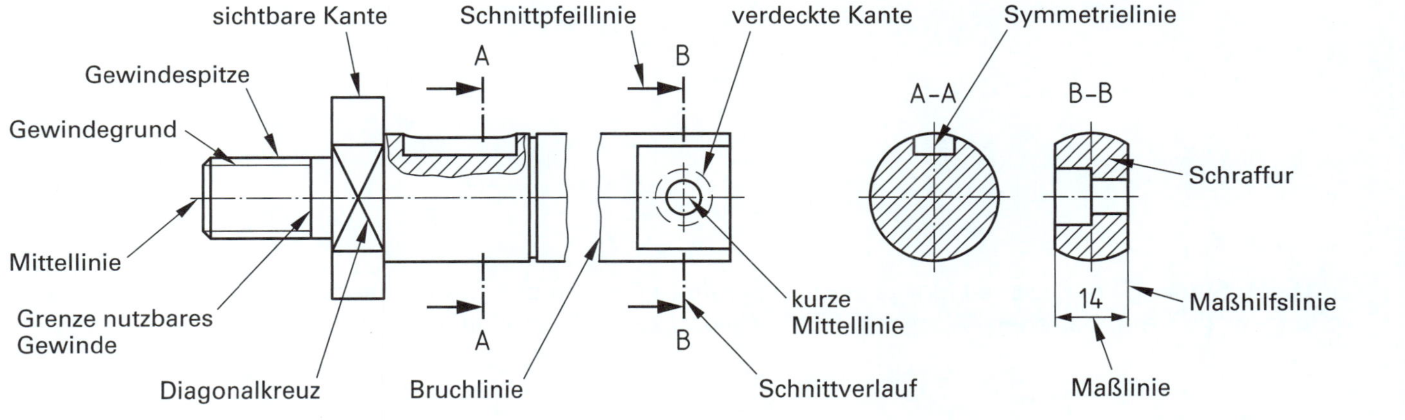

Bild 1

Aufgabe 1:

Ordnen Sie die Anwendungsbeispiele aus **Bild 1** in **Tabelle 4** ein.

Tabelle 4: Anwenundungsbeispiele zu den Linienarten

Linienart mit Darstellung	Beispiele für die Anwendung
Volllinie, breit ————	
Vollinie, schmal ————	
Strichlinie, schmal – – – – – –	
Strich-Punktlinie, schmal —·—·—·—	
Strich-Punktlinie, breit —·—·—·—	
Freihandlinie, schmal ~~~~~~	

Linien in technischen Zeichnungen

Aufgabe 2:

Zeichnen Sie in die gegebene Figur jeweils vier weitere Figuren ein. Die Abstände der Linien untereinander sollen jeweils 5 mm betragen. Wechseln Sie breite und schmale Volllinien ab.

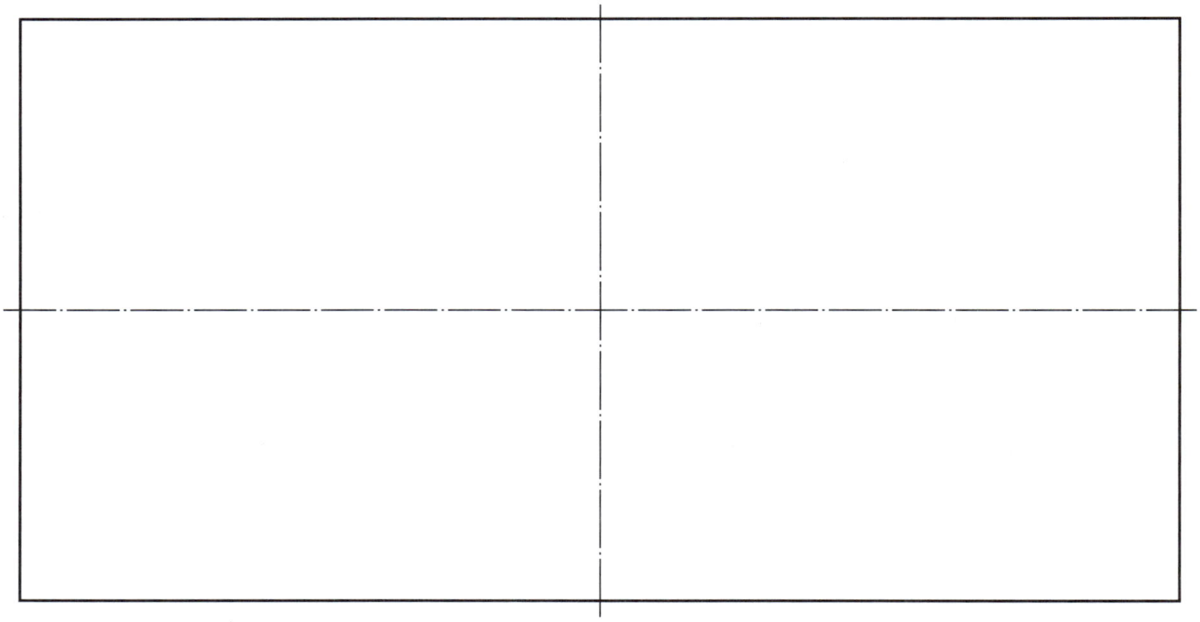

Aufgabe 3:

Zeichnen Sie in die gegebene Figur jeweils vier weitere Figuren ein. Die Abstände der Linien untereinander sollen jeweils 5 mm betragen. Wechseln Sie breite und schmale Volllinien ab.

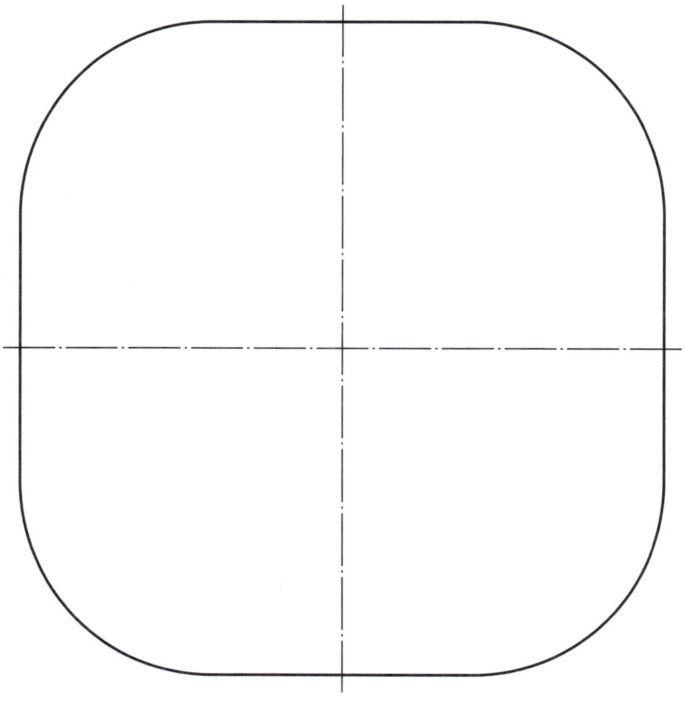

Linien in technischen Zeichnungen

Aufgabe 4:

Ergänzen Sie die Schraffurlinien in den gegebenen Rechtecken.

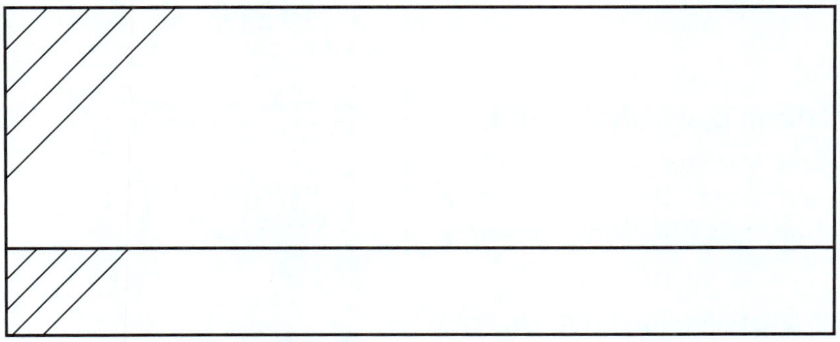

Aufgabe 5:

Zeichnen Sie unter den gegebenen Linienverlauf vier Strich-Punktlinien mit ähnlichem Verlauf. Die Abstände der Linien untereinander sollen jeweils 5 mm betragen.

Aufgabe 6:

Zeichnen Sie in den gegebenen Kreis vier weitere Kreise ein. Die Abstände der Kreislinien untereinander sollen jeweils 5 mm betragen.

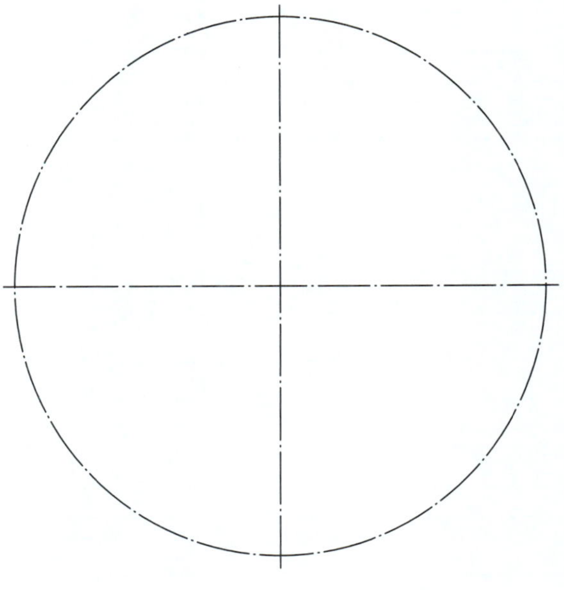

Name: Klasse: Datum: Blatt-Nr.: 6

Normschrift

Beschriftung einer Zeichnung

Bei der Beschriftung müssen folgende Merkmale erfüllt sein: **Lesbarkeit, Einheitlichkeit und Eignung für Mikroverfilmung.** Dies wird durch eine genormte Schrift erreicht.

Normschrift, Schriftform B, vertikal (Bild 1)

Zur Beschriftung von Zeichnungen werden lateinische Schriftzeichen verwendet. Daneben werden griechische Schriftzeichen, z. B. für Winkelbezeichnungen, verwendet.

Um die Lesbarkeit sicherzustellen, soll ein Abstand von 2 · *d* (Linienbreite) eingehalten werden.

Schrifthöhen

Bei der Beschriftung einer Zeichnung beträgt die Mindesthöhe der Buchstaben *h* = 2,5 mm. Bei gleichzeitiger Verwendung von Groß- und Kleinbuchstaben muss die Höhe der Großbuchstaben *h* = 3,5 mm betragen.

Schriftform B, vertikal (BV)

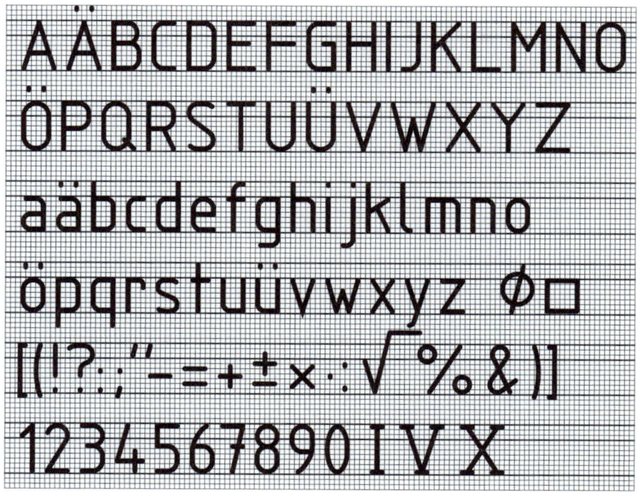

Bild 1

Aufgabe 1:

Erstellen Sie in Normschrift mehrfach die kleinen Buchstaben unten. Beachten Sie die angegebene Schreibrichtung und Reihenfolge.

Kleine Buchstaben

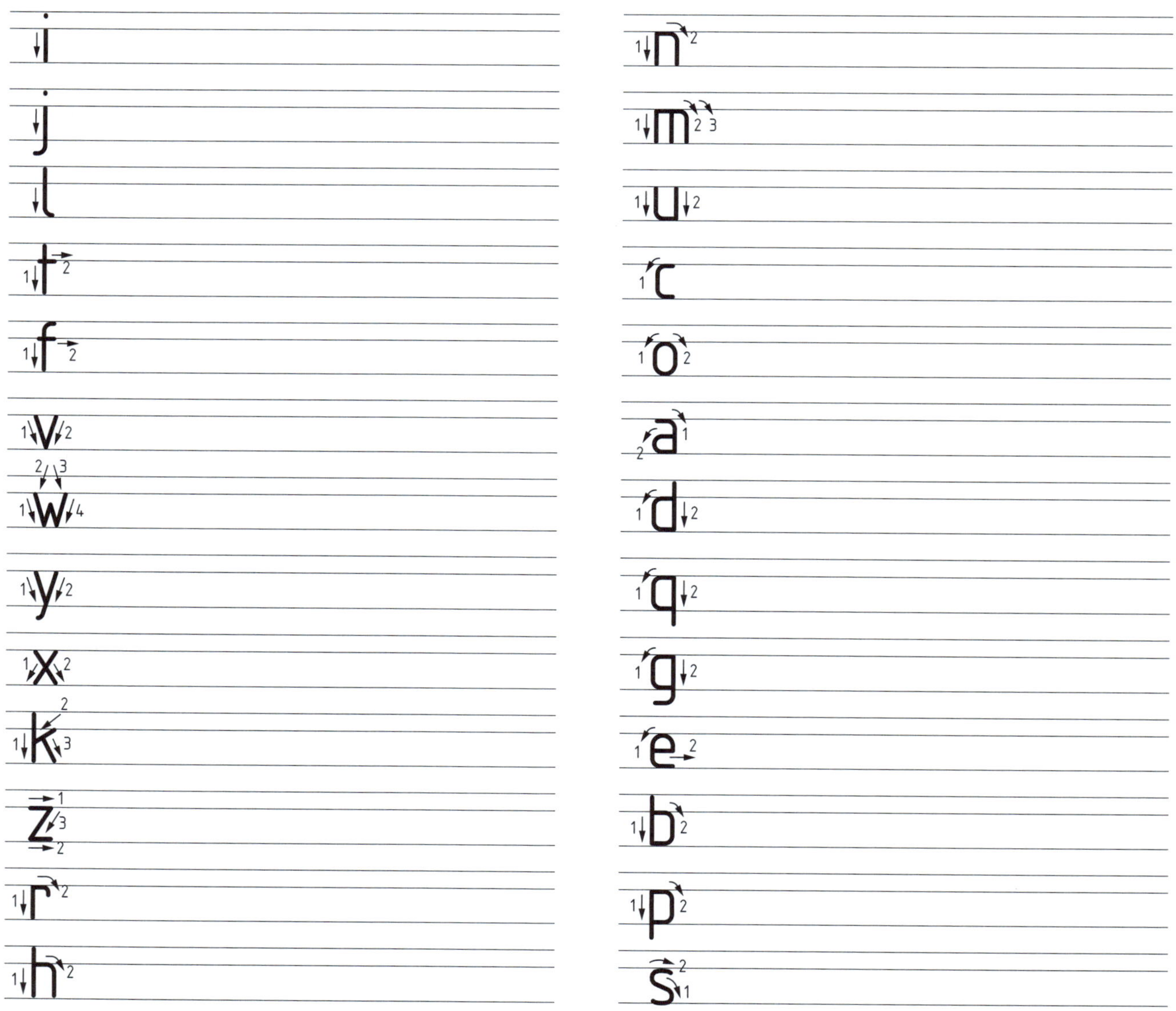

Normschrift

Aufgabe 2:

Erstellen Sie in Normschrift mehrfach die großen Buchstaben unten. Beachten Sie die angegebene Schreibrichtung und Reihenfolge.

Große Buchstaben

Maßeintragung flache, eckige Werkstücke in einer Ansicht

Darstellung flacher Werkstücke

Flache (gleichdicke) Werkstücke werden in einer Ansicht dargestellt **(Bilder 2 und 3)**

Maßeintragung

Wesentliche Elemente der Maßeintragung zeigt **Bild 1**.

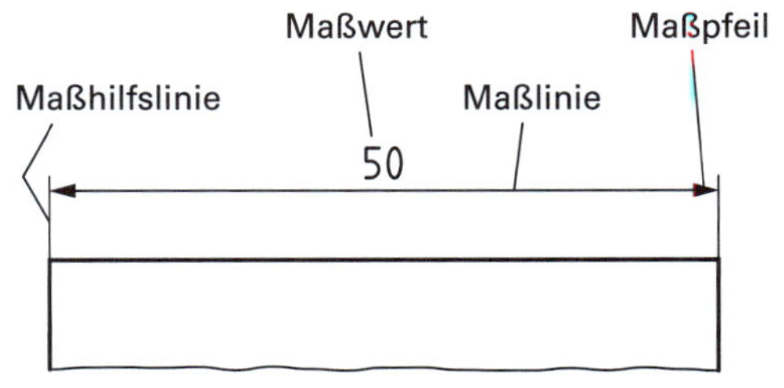

Bild 1

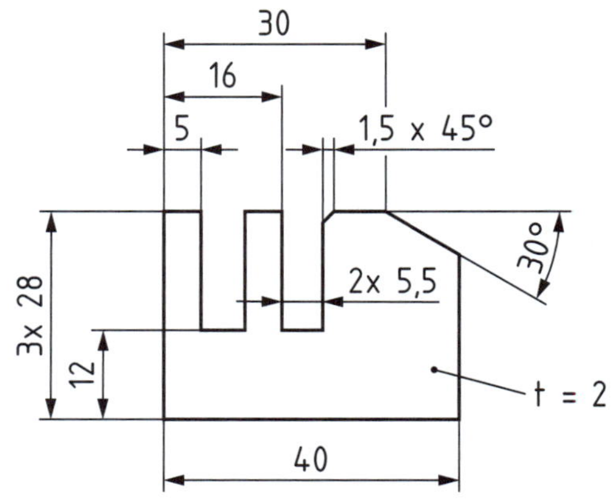

Bild 2

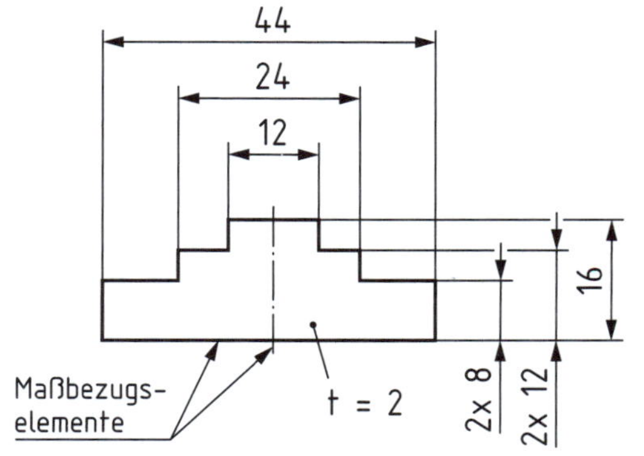

Bild 3

Maßwerte eintragen (Bild 2)

- oberhalb und in Richtung der Maßlinie
- in Normschrift, Mindesthöhe 3,5 mm
- von unten oder von rechts lesbar (Leserichtung)
- tatsächlichen Maßwert des Geometrieelementes, unabhängig vom Maßstab der Darstellung.
- bei Platzmangel über der Verlängerung der Maßlinie.
- Andere Linien werden für Maßwerte unterbrochen.
- Die lineare Einheit mm wird nicht angegeben.
- Die Einheit bei Winkelmaßen wird angegeben.

Maßlinien einzeichnen (Bild 2)

- als schmale Volllinien
- für Längenmaße parallel zur bemaßenden Länge
- für Winkelmaße als Kreisbogen um den Mittelpunkt des Winkels.

Bei Platzmangel dürfen Maßlinien:

- über die Maßhilfslinie hinaus verlängert
- innerhalb des Werkstückes eingetragen
- an Körperkanten angesetzt werden.

Maßlinien sollen

- einen Mindestabstand von 10 mm von Körperkanten und 7 mm untereinander haben.
- sich nicht gegenseitig oder mit anderen Linien überschneiden **(Bild 3)**.
- Mittellinien oder Konturlinien nicht als Maßlinie verwenden.

Maßpfeile (Bild 2)

- Schenkelwinkel von 30°
- Pfeillänge gleich Schrifthöhe der Maßwerte (3,5 mm) gezeichnet.

Maßhilfslinien einzeichnen (Bild 2)

- als schmale Volllinie, rechtwinklig zur Maßlinie
- ca. 2 mm über die Maßlinien hinaus

Eine Mittellinie, Konturlinie oder ihre Maßhilfslinie dürfen anstelle einer Maßhilfslinie verwendet werden.

Innerhalb einer Ansicht dürfen Maßhilfslinien zur Bemaßung wiederholter Elemente durchgezogen werden.

Dickenangabe für flache, gleichdicke Werkstücke (Bild 2)

Die Dicke wird mit dem Symbol „*t* =“ an einer Hinweislinie (mit Punkt) an der Fläche eingetragen.

Struktur der Maßeintragung (Bild 3)

Die Bemaßung erfolgt von funktionswichtigen Kanten oder Mittelebenen oder Mittelachsen (Maßbezugselementen) aus.

Symmetrische Werkstücke werden deshalb i. d. R. symmetrisch zur Mittelebene bemaßt.

Aufgaben:

1. Markieren Sie die wesentlichen Elemente der Maßeintragung in Bild 1 farblich.
2. Markieren Sie Schenkelwinkel und Pfeillänge eines Maßpfeils im Informationstext farblich.
3. Markieren Sie die Dickenangaben der flachen Werkstücke in Bild 2 und Bild 3 farblich.

Maßeintragung flache, eckige Werkstücke in einer Ansicht

Aufgabe 4:

Zeichnen Sie die untenstehend abgebildete Konturplatte im Maßstab 1:1 ohne Bemaßung. Orientieren Sie sich dabei an den Hilfslinien.

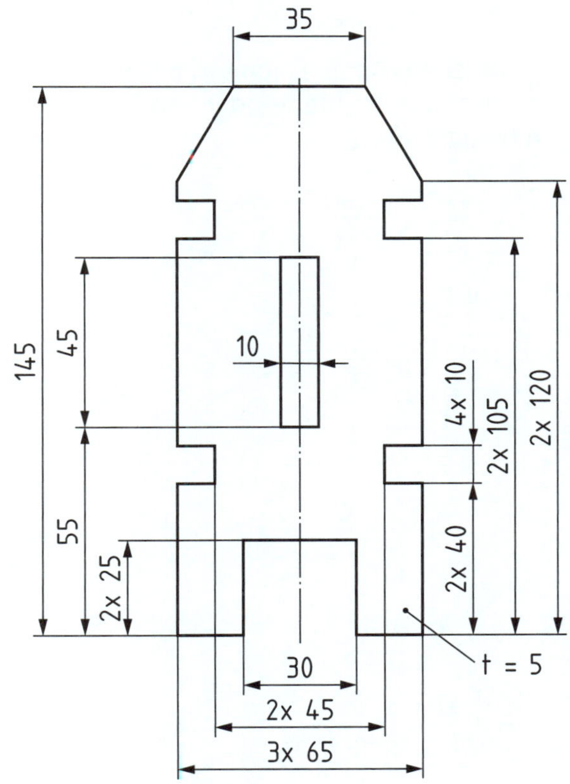

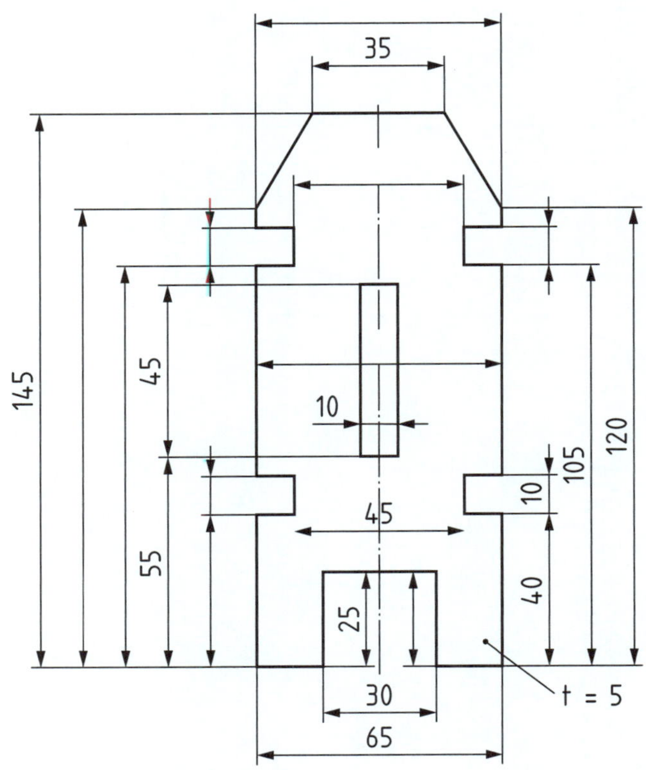

Aufgaben:

5. Ergänzen Sie in der rechten Abbildung die noch fehlenden Bemaßungen der mehrfach vorkommenden Geometrieelemente.
6. Welchen Nachteil hat die Wiederholung der einzelnen Maße an Geometrieelementen, die mehrfach vorhanden sind?

Maßeintragung flache, eckige Werkstücke in einer Ansicht

Aufgaben:

7 Zeichnen und bemaßen Sie die Konturplatte von Blatt-Nr. 9 nun vollständig im Maßstab 1:1.

8 Geben Sie den Maßstab und die Werkstückbenennung in Normschrift an.

Hinweis zur Bemaßung: Geometrieelemente, die mehrfach vorhanden sind, dürfen entweder durch Wiederholung der einzelnen Maße oder vereinfacht durch vorangestellte Anzahl, Multiplikationszeichen und Leerzeichen bemaßt werden.

Maßeintragung flache, eckige Werkstücke in einer Ansicht

Aufgabe 9:

Zeichnen und bemaßen Sie die symmetrische Schablone 50 × 100 mit Dicke 4 mm. Die oberen Ecken sind mit 10 × 15, die unteren Ecken mit 10 × 10 ausgespart. Die mittige, innere Aussparung mit 50 x 15 hat 15 mm Abstand zur Unterkante. Die obere mittige Aussparung ist 50 x 10 mm. Maßstab 1 : 1.

Schablone

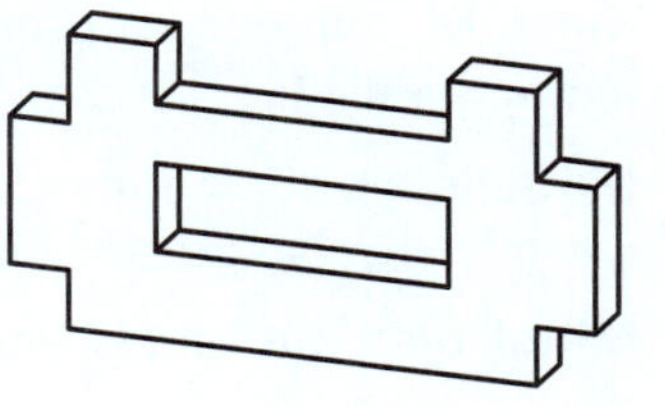

Aufgabe 10:

Zeichnen und bemaßen Sie die rechts abgebildete Stufenplatte im Maßstab 1 : 1.

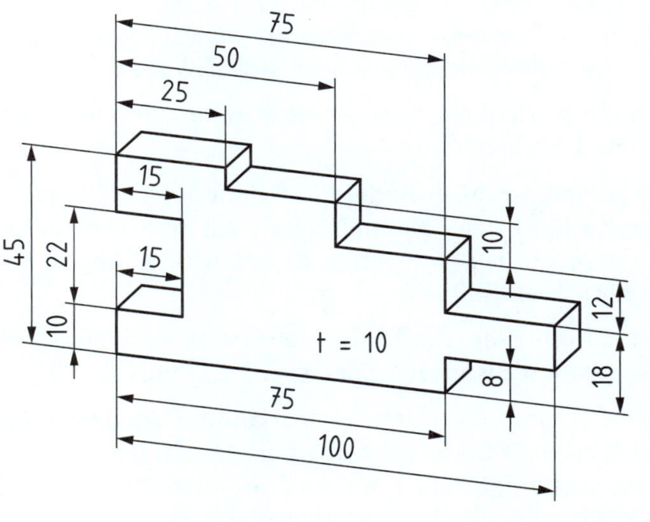

Maßeintragung für flache, abgerundete Werkstücke in einer Ansicht

» Durchmesser, Kreis

Kreise erhalten zwei Mittellinien als Achsenkreuz. Kurze Mittellinien werden zu einem Linienkreuz vereinfacht **(Bild 1)**.

Mittellinien dürfen als gemeinsame Mittellinie über mehrere Kreise gezeichnet werden **(Bild 2)**.

Mittellinien dürfen als Maßhilfslinien verwendet werden.

Außerhalb der Kreise werden sie mit schmalen Volllinien verlängert **(Bild 2)**.

Beim **Durchmesser** ist direkt vor dem Maßwert das Symbol Ø anzugeben.

Das Durchmessermaß wird direkt schräg durch den Kreis oder mit Maßhilfslinien eingetragen **(Bild 1)**.

Kleine Kreise dürfen mit nur einem Pfeil bemaßt werden **(Bild 1)**. Von innen muss dabei die Maßlinie den Mittelpunkt überschreiten (**Bild 1**, Maß 12).

» Radius (allgemein, wenn Bogen <180°)

Bei Radien wird dem Maßwert direkt das Symbol R vorangestellt **(Bilder 3 und 4)**.

Die Maßlinien vom Radiusmittelpunkt aus enden am Kreisbogen mit einem Maßpfeil von innen oder außen.

Ist die Lage des Radiusmittelpunktes eindeutig, so kann auf eine Kennzeichnung des Mittelpunktes als Linienkreuz verzichtet werden **(Bilder 3 und 4)**.

Nicht eindeutige Radiusmittelpunkte werden bemaßt (**Bild 5**, Maß 30 und 80).

Maßlinien **großer Radien**, bei denen der Mittelpunkt außerhalb der Zeichenfläche liegt und angegeben werden muss, werden gebrochen oder abgeknickt (**Bild 5**, Maß R80).

Bei mehreren **Radien gleicher Größe** können die Maßlinien zusammengefasst werden **(Bild 6)**.

Der Radius eines **Halbkreis-Geometrieelementes**, das zwei als Breite bemaßte parallele Linien miteinander verbindet, kann mit dem Symbol R ohne Maßwert **(Bild 7)** oder als Hilfsmaß **(Bild 8)** bemaßt werden.

Bei fehlender Breitenangabe wird der Radiusmittelpunkt und Radiuswert eingetragen **(Bild 9)**.

Aufgaben:

Markieren Sie die Antworten im Text farblich.

1. Ist zwischen dem Durchmessersymbol und dem Maßwert ein Leerzeichen einzufügen?
2. Welche Besonderheit gilt für den Maßeintrag an kleinen Kreisen?
3. Müssen Radiusmittelpunkte bemaßt werden?
4. Inwiefern beeinflusst das vorhandene Breitenmaß eines Halbkreis-Geometrieelementes die Bemaßung der zugehörigen Radien?

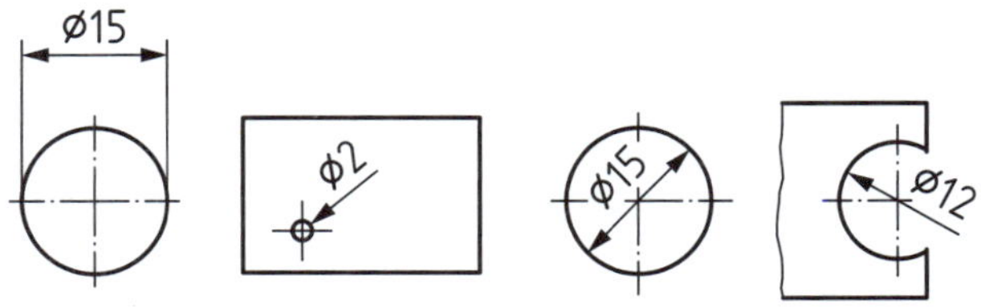

Bild 1

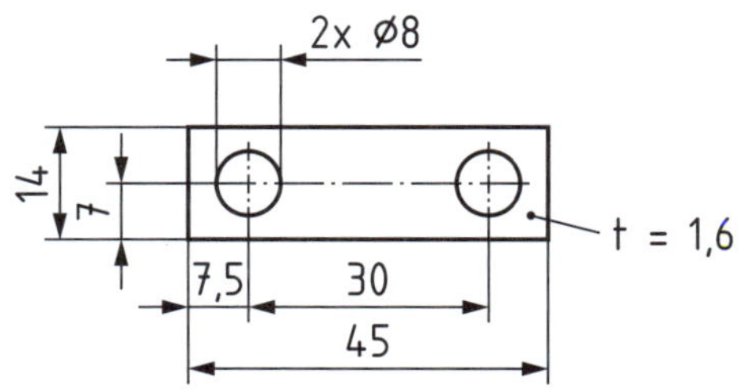

Bild 2

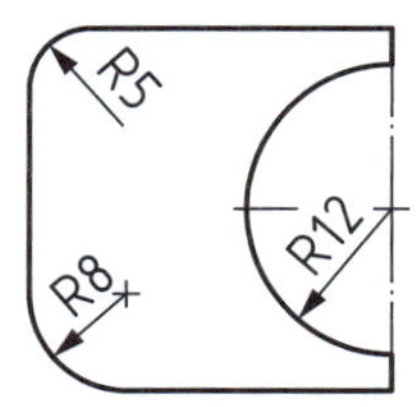

Bild 3

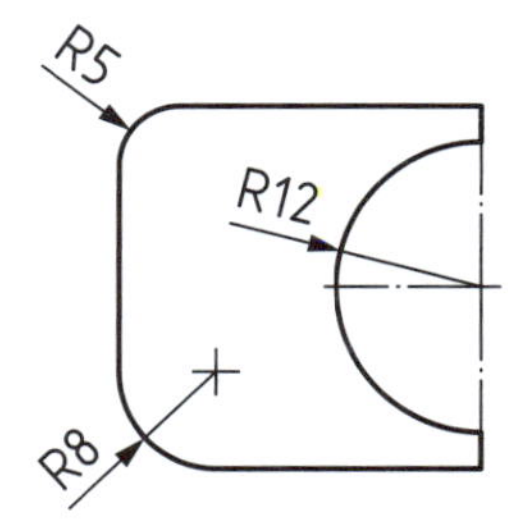

Bild 4

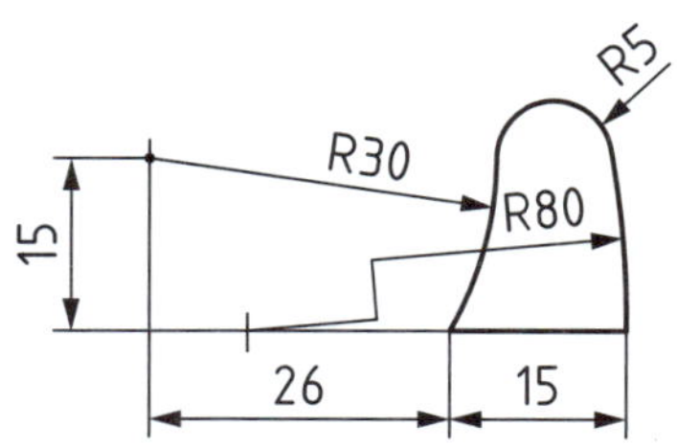

Bild 5

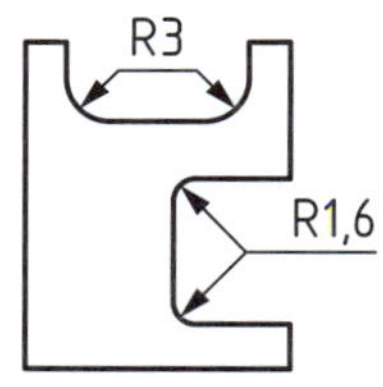

Bild 6

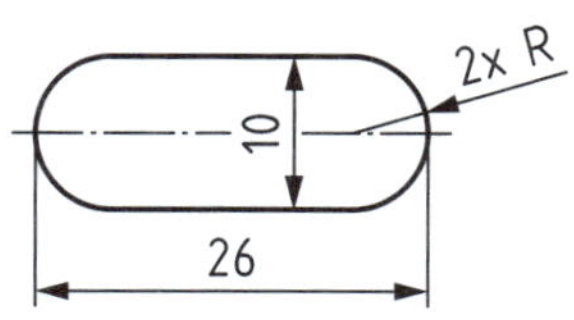

Bild 7

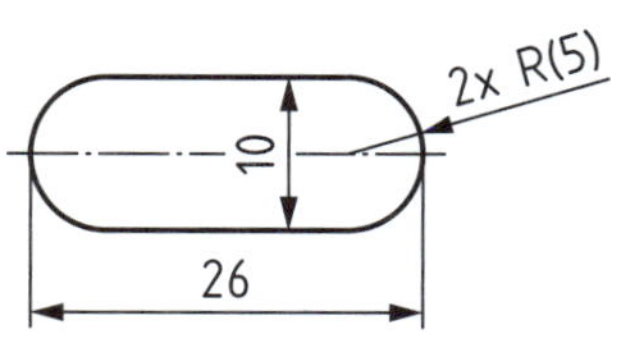

Bild 8

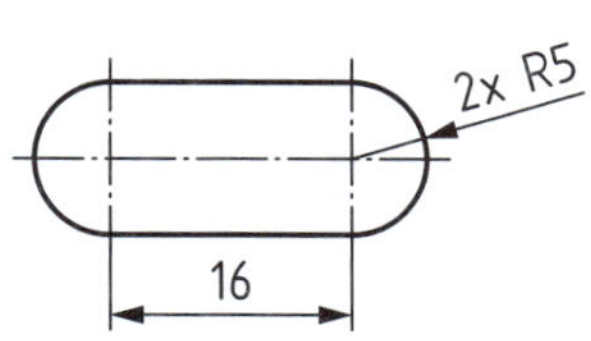

Bild 9

Maßeintragung für flache, abgerundete Werkstücke in einer Ansicht

Aufgabe 5:

Zeichnen Sie die abgebildete Radienplatte in das vorskizzierte Raster. Geben Sie Werkstückbenennung und den Maßstab 1:1 in Normschrift an.

Hinweis zur Abbildung:
Bemaßung mit fortlaufender Bemaßung kombiniert, bei der die Maße vom Ursprungssymbol ausgehend in Leserichtung eingetragen werden.

Radienplatte

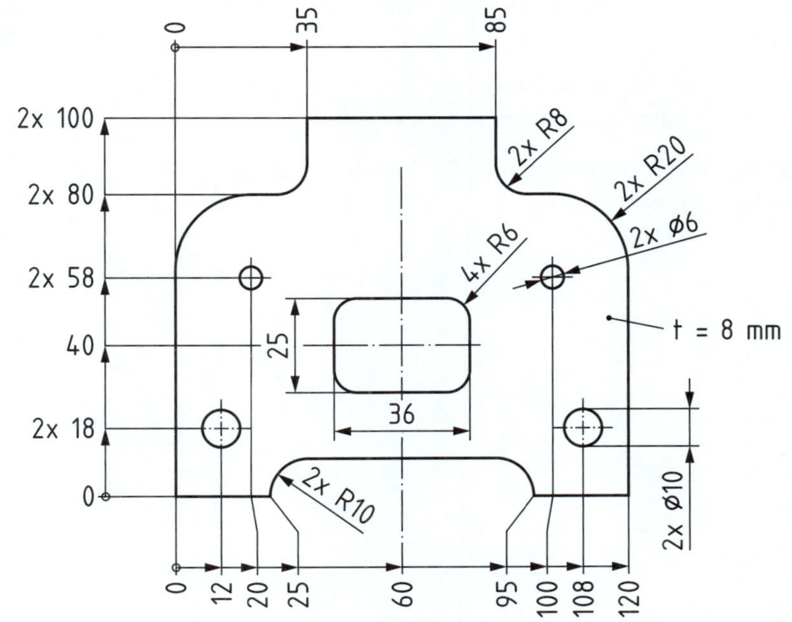

Maßeintragung für flache, abgerundete Werkstücke in einer Ansicht

Aufgabe 6:

Bemaßen Sie die abgebildete Radienplatte von Blatt-Nr. 13 ohne eine fortlaufende Bemaßung.

Verwenden Sie die senkrechte Mittellinie und unteren Kanten als Maßbezugselemente.

Geben Sie Benennung und Maßstab auf der Zeichnung an.

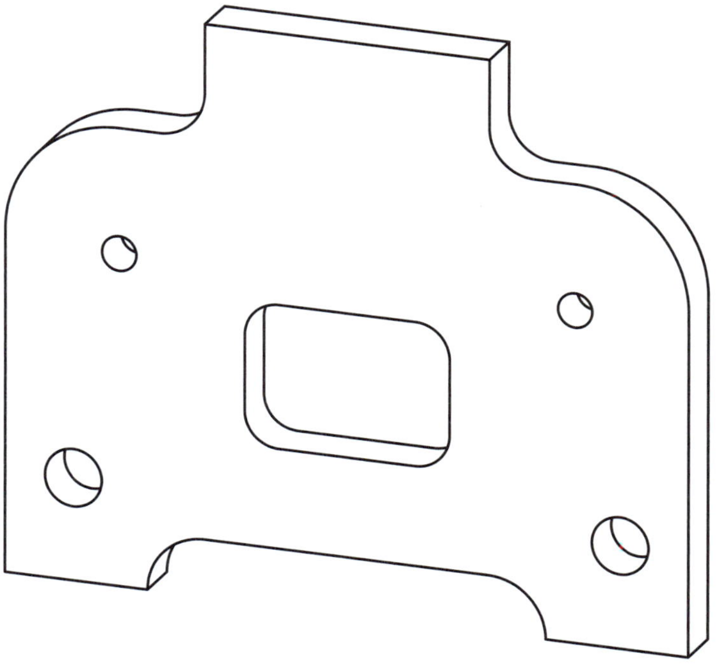

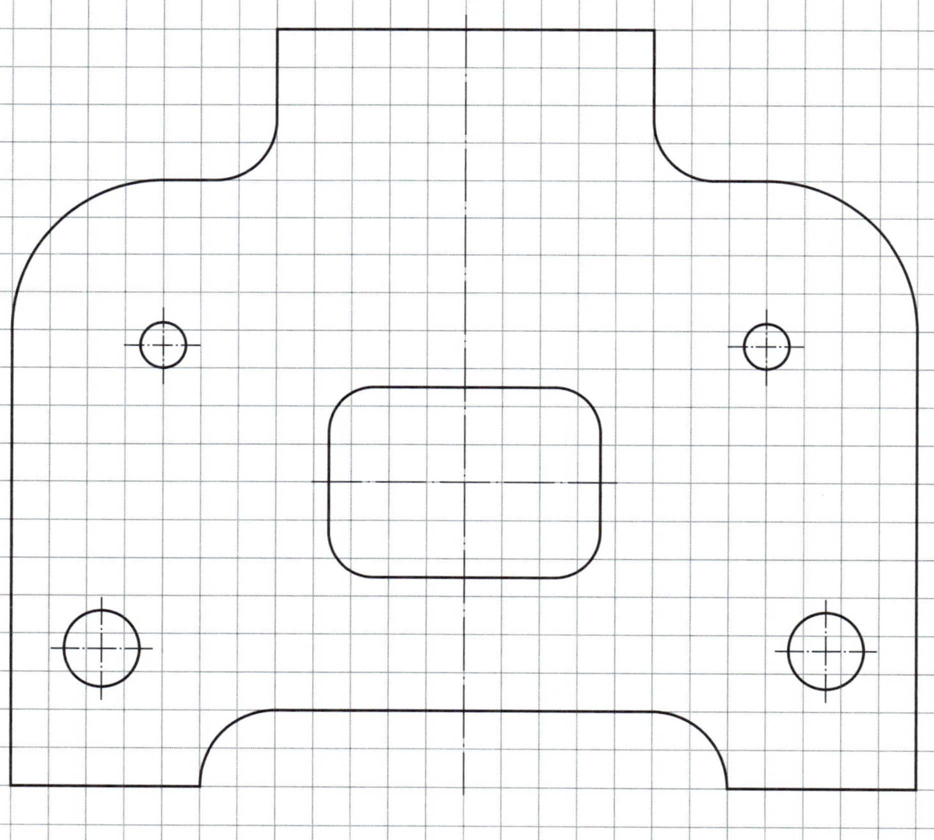

Maßeintragung für flache, abgerundete Werkstücke in einer Ansicht

Aufgabe 7:

Zeichnen und bemaßen Sie die rechts abgebildete Blende im Maßstab 1:1.

Blende

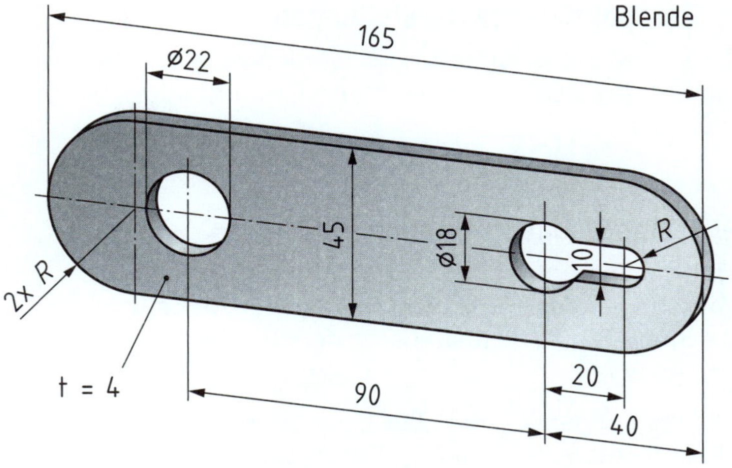

Aufgabe 8:

Zeichnen und bemaßen Sie die Distanzscheibe mit Innendurchmesser 40 mm und Außendurchmesser 80 mm mit Dicke 4,5 mm. Die acht Bohrungen mit Durchmesser 11 mm liegen auf einem Lochkreis mit Durchmesser 60 mm.

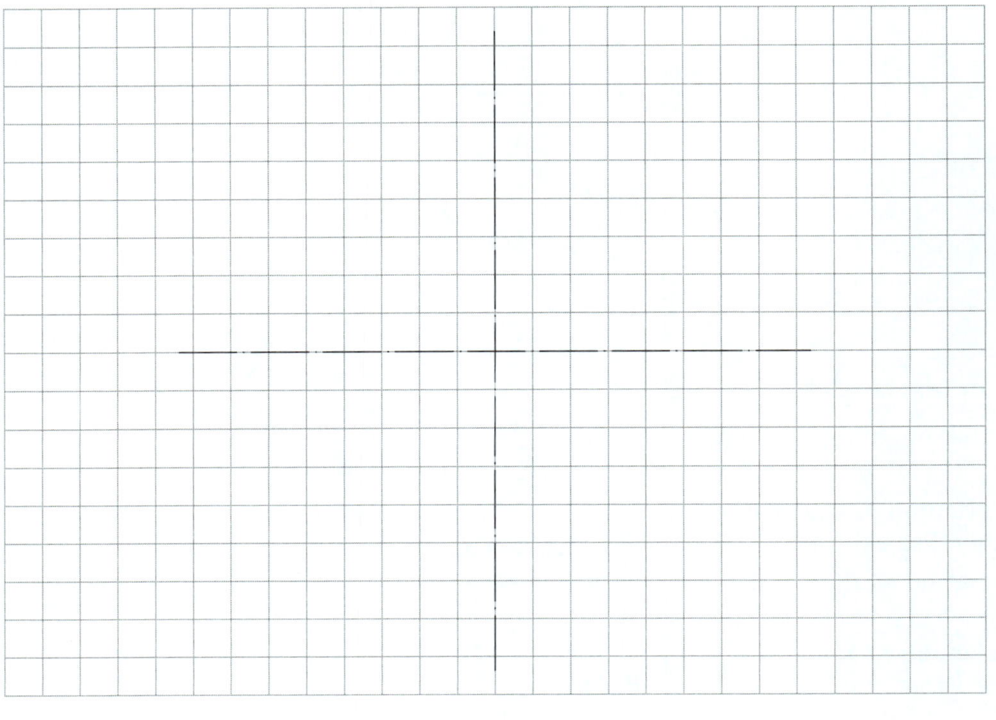

Distanzscheibe

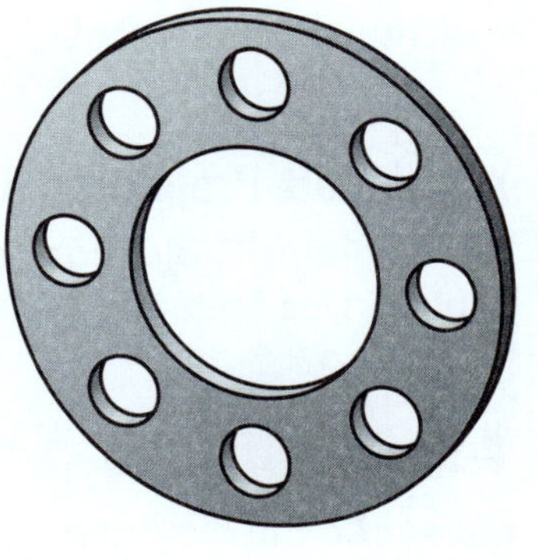

Perspektivische Darstellungen (Axonometrische Darstellungen)

Perspektivische Darstellungen

Perspektivische Darstellungen werden auch als „Axonometrische Darstellungen“ oder „Raumbilder“ bezeichnet.

Isometrische Projektion (Bild 1)

Bei der isometrischen Projektion werden alle Abmessungen des Werkstücks im gleichen Maßstab gezeichnet. Sie ist deshalb besonders für Freihandskizzen geeignet.

Die Richtungen X und Y **(Bild 1)** verlaufen unter 30° zur Waagrechten, die Richtung Z steht senkrecht.

Das Seitenverhältnis $x:y:z$ ist 1 : 1 : 1. (iso = „gleich“)

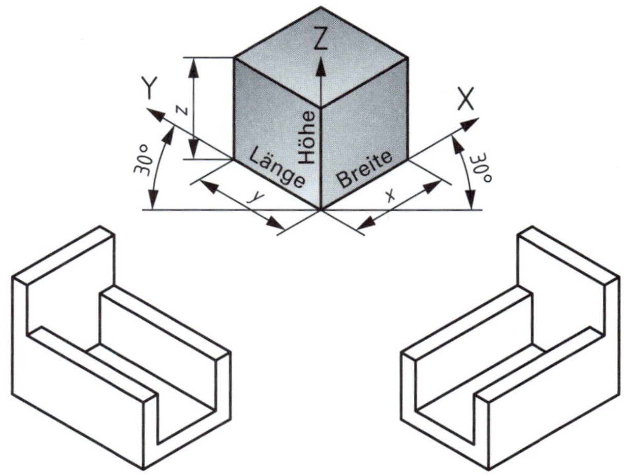

Bild 1

Dimetrische Projektion (Bild 2)

Bei der dimetrischen Projektion werden zwei verschiedene Maßstäbe verwendet.

Bei dieser Projektion verlaufen

- Richtung X unter 42° zur Waagrechten
- Richtung Y unter 7° zur Waagrechten und
- Richtung Z senkrecht.

Längen- und Höhenmaße (Richtungen Y und Z) werden in Maßstabsgröße, Breitenmaße (Richtung X) auf die Hälfte verkürzt gezeichnet.

Das Seitenverhältnis $x:y:z$ ist 0,5 : 1 : 1. (di = „zwei“)

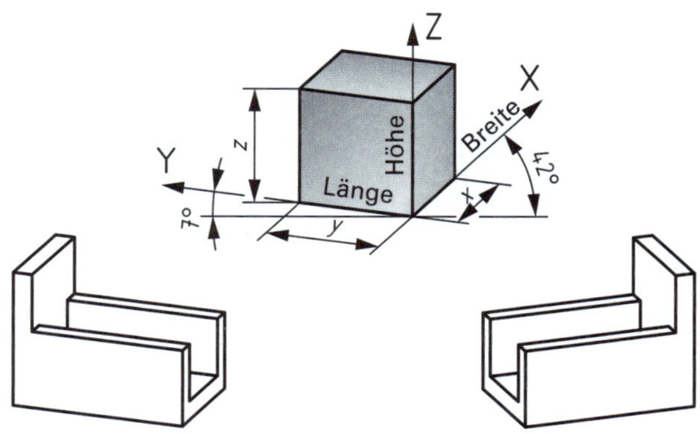

Bild 2

Kavalier-Projektion (Bild 3):

Bei der Kavalier-Projektion wird nur ein Maßstab verwendet.

Bei dieser Projektion verlaufen

- Richtung X unter 45°
- Richtung Y waagrecht und
- Richtung Z senkrecht.

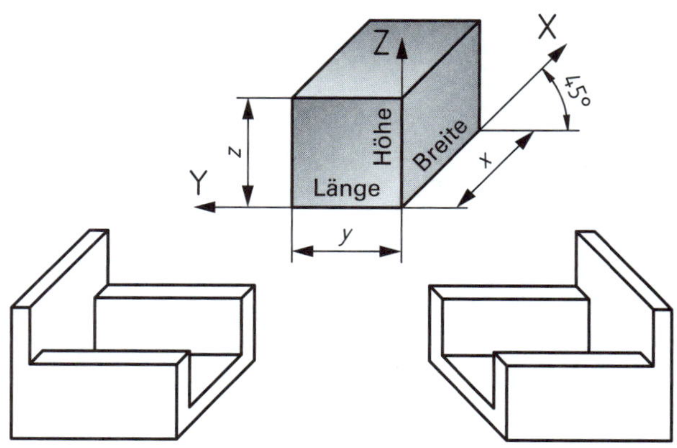

Bild 3

Kabinett-Projektion (Bild 4).

Die Kabinett-Projektion ist der Kavalier-Projektion ähnlich. Das Seitenverhältnis $x:y:z$ ist 0,5 : 1 : 1.

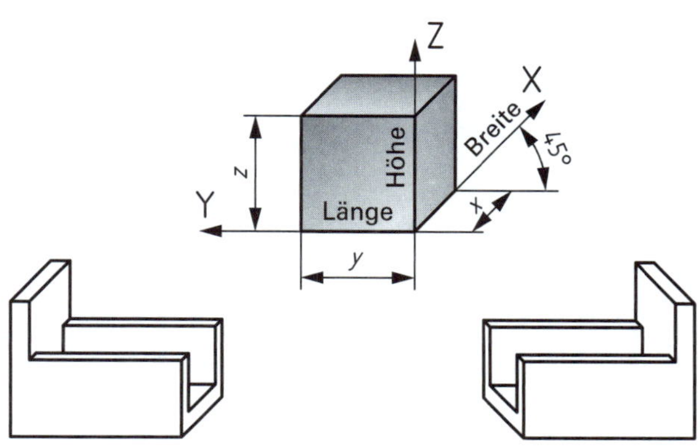

Bild 4

Aufgaben:

Markieren Sie die Antworten im Text farblich.

1. Wie ist das Seitenverhältnis bei einer isometrischen Projektion?
2. Unter welchem Winkel verlaufen X- und Y-Richtung bei einer isometrischen Projektion?
3. Welche beiden Projektionsarten werden in der x-Richtung um die Hälfte verkürzt gezeichnet?
4. Wodurch unterscheidet sich die Kavalier-Projektion von der Isometrischen Projektion?

Isometrische Darstellung

Aufgabe:

Stellen Sie die beiden Werkstücke Winkelstütze und Führung im Maßstab 1:1 in isometrischer Projektion dar.

Winkelstütze

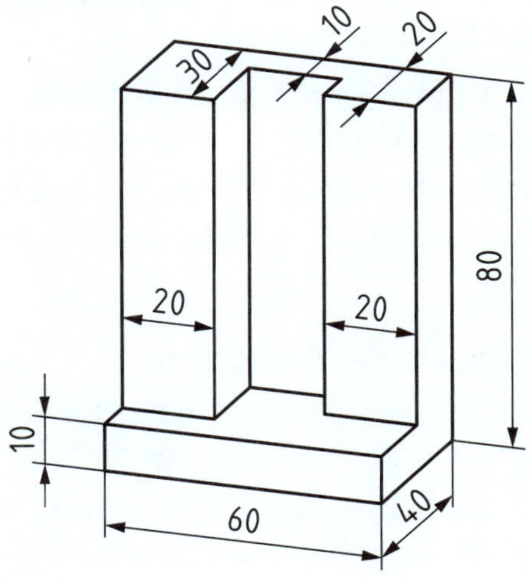

Führung

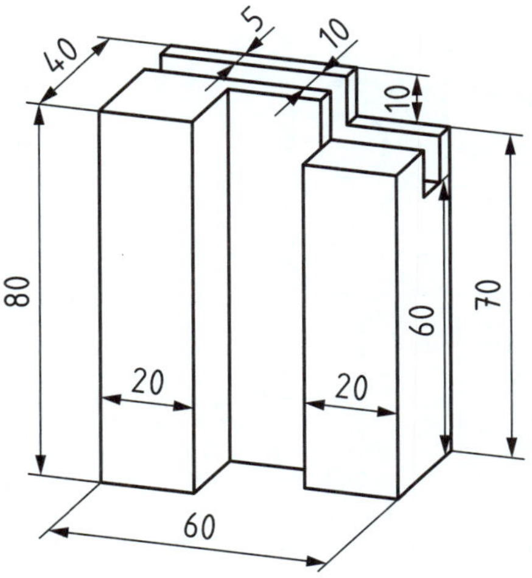

Darstellung in Ansichten (Normalprojektion)

Darstellung in Ansichten

Ansichten entstehen durch die Projektion des Werkstücks auf die senkrecht zueinander angeordneten Bildebenen **(Bild 1)** und werden dann zur Darstellung in die Zeichenebene geklappt (Normalprojektion) **(Bild 2)**.

Bezeichnung der Ansichten (Bild 3):

Vorderansicht (V)	Seitenansicht von links (SL)
Draufsicht (DS)	Seitenansicht von rechts (SR)
Untersicht (U)	Rückansicht (R)

Anzahl der Ansichten

Werkstücke werden in Teilzeichnungen vorzugsweise in der Fertigungslage dargestellt.

Als **Vorderansicht** eines Werkstückes ist diejenige Ansicht zu wählen, welche am aussagekräftigsten ist. Für weitere Ansichten gelten folgende Regeln:

- Die Anzahl der Ansichten ist auf das Notwendige zu beschränken.
- Die zusätzlichen Ansichten sind so auszuwählen, dass möglichst wenig verdeckt darzustellende Umrisse und Kanten erscheinen.
- Verdeckte Umrisse und Kanten werden nur dann gezeichnet, wenn durch sie die Ansicht übersichtlicher wird oder wenn durch das Einzeichnen andere Ansichten eingespart werden können.

Projektionsmethode 1 als Anordnung der Ansichten

Bei der in den meisten europäischen Ländern angewandten Projektionsmethode 1 werden die Ansichten wie in **Bild 4** angeordnet.

Das Sinnbild für die Projektionsmethode 1 wird im Schriftfeld der Zeichnung angegeben **(Bild 5)**.

Konstruktion der Ansichten

Zunächst wird die Vorderansicht (V) eines Werkstücks gezeichnet. Die Längenmaße können dann von der Vorderansicht (V) in die Draufsicht (D) und die Höhenmaße in die Seitenansicht von links (SL) übertragen werden **(Bild 5)**.

Mithilfe einer Projektionshilfslinie (Winkel 45°) werden die Breitenmaße in die jeweils andere Ansicht übertragen **(Bild 6)**.

Aufgaben:

1. Markieren Sie im Informationstext die Abkürzungen der Ansichtsbezeichnungen farblich.
2. Markieren Sie die Seitenansicht von Links und die Draufsicht in Bild 4 farblich.

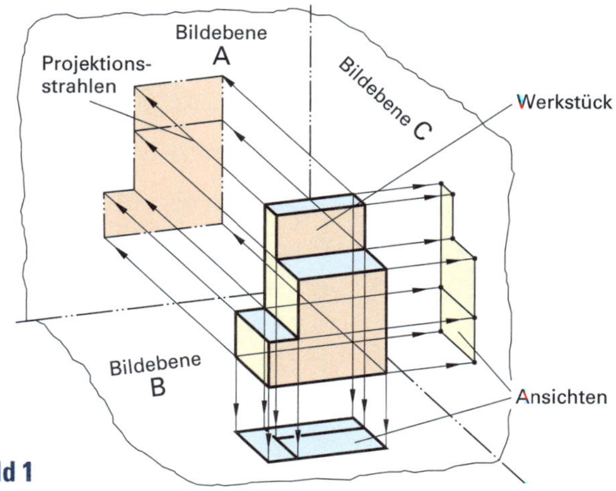

Bild 1

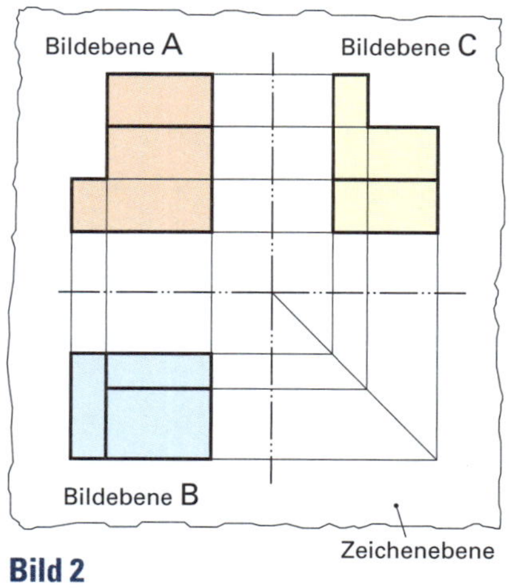

Bild 2

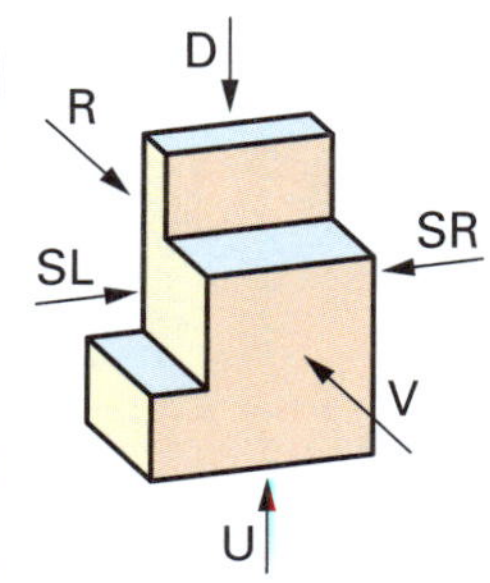

Bild 3

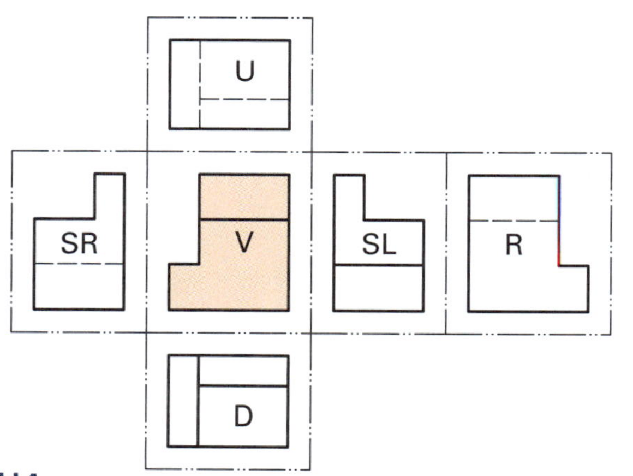

Bild 4

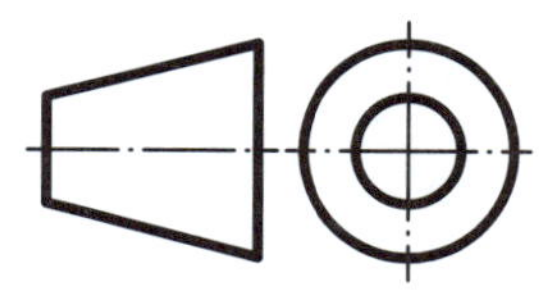
Bild 5

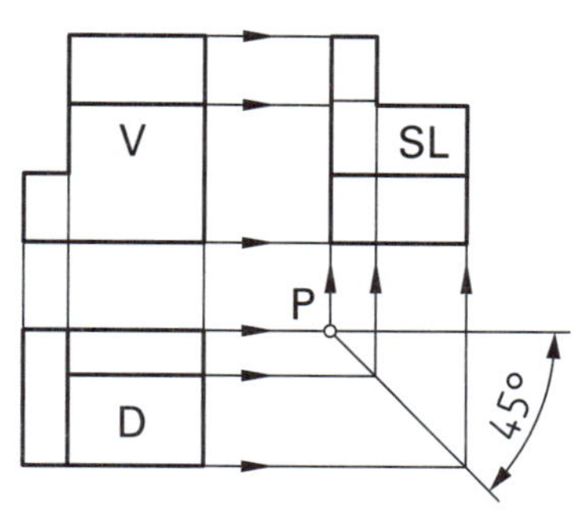

Bild 6

Darstellung in drei Ansichten

Aufgabe:

Entwickeln Sie schrittweise, ausgehend vom Rohteil über die Fertigungsstufe 1, die Darstellung der Fertigungsstufe 2 des Stufenprismas in drei Ansichten mit abschließender Bemaßung im Maßstab 1:1.

Hinweis: Zeichnen Sie zuerst das Rohteil dünn vor, arbeiten Sie dann die Fertigungsstufe 1 dünn ein. Anschließend zeichnen sie die Konturen und die Bemaßung der Fertigungsstufe 2.

Rohteil

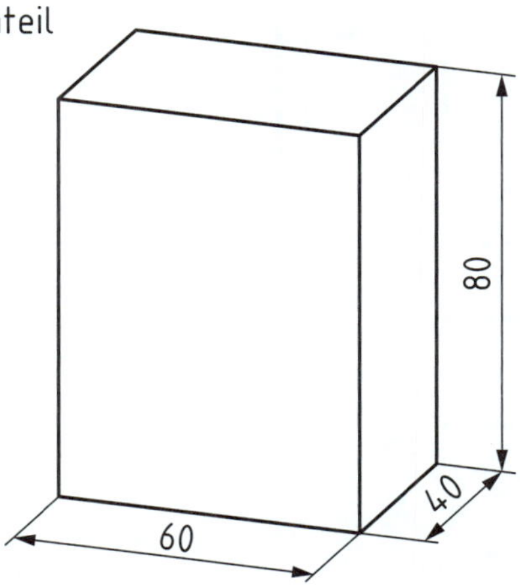

Fertigungsstufe 1

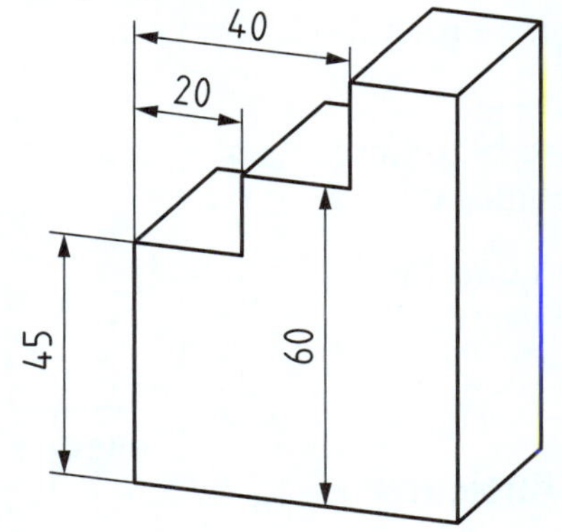

Fertigungsstufe 2

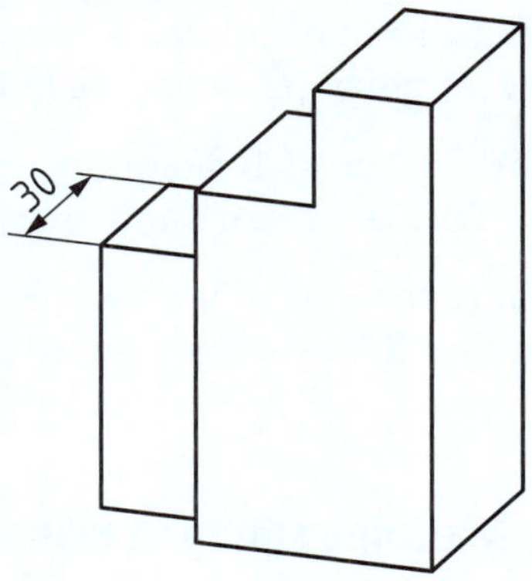

Verdeckte Kanten; Maßeintragung in mehreren Ansichten

» Darstellung verdeckter Kanten und Umrisse

Verdeckte Umrisse und Kanten werden als schmale Strichlinien gezeichnet (**Bild 1**).

An breiten Volllinien oder an anderen Strichlinien beginnen und enden Strichlinien ohne Lücke (**Bild 1**).

Als Fortsetzung von breiten Volllinien beginnt die Strichlinie mit einer Lücke (**Bild 2**).

Bei dicht benachbarten Strichlinien werden die Striche versetzt gezeichnet (**Bild 3**).

Überdecken sich sichtbare und verdeckte Kanten, so wird die sichtbare Kante gezeichnet (**Bild 4**).

Überdecken sich verdeckte Kanten und Mittellinien, so wird die verdeckte Kante gezeichnet (**Bild 5**).

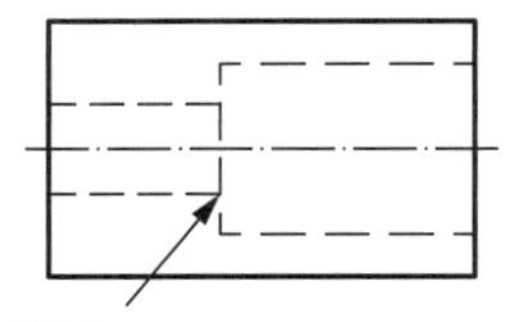

Bild 1

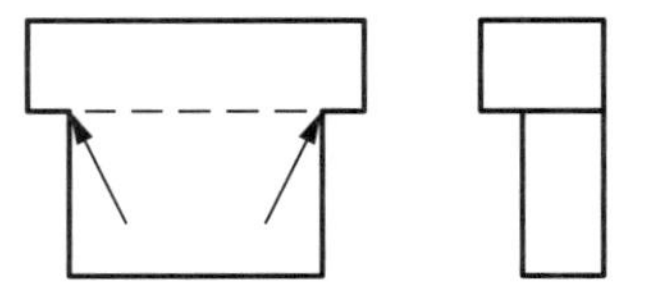

Bild 2

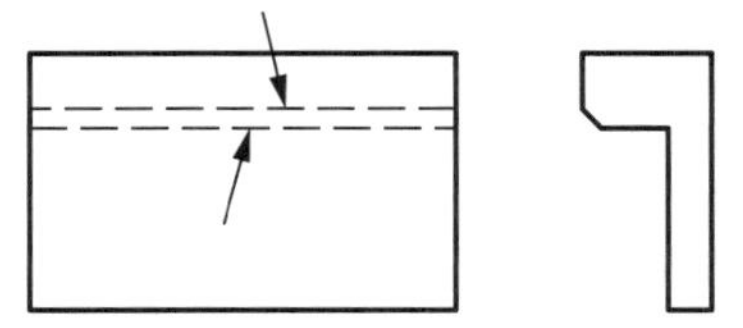

Bild 3

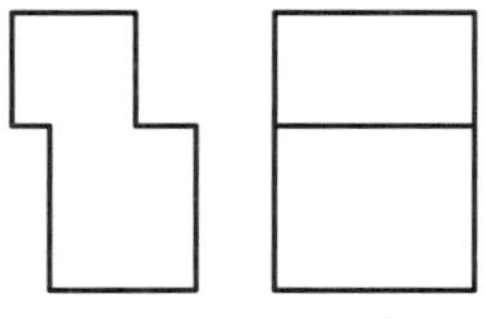

Bild 4

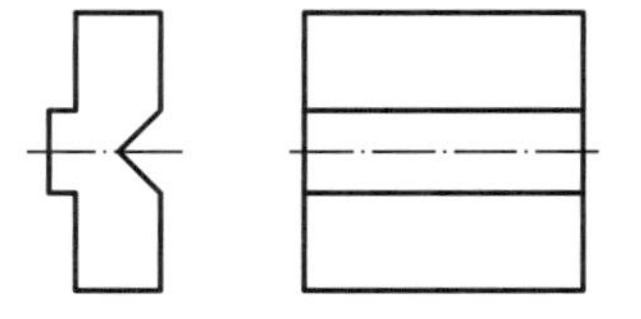

Bild 5

» Maßeintragung in mehreren Ansichten

Bauteile werden als Zusammenschluss aus einer Anzahl einzelner Geometrieelemente bemaßt (**Bild 6**).

Jedes Maß gilt standardmäßig (**Bild 7**):

- nur für ein einzelnes Geometrieelement (z. B. Maß 16)
- oder eine einzige Beziehung zwischen Geometrieelementen (z. B. Maß 40)
- für das gesamte Geometrieelement (z. B. Maß 7,5)
- für den fertigen Zustand des Bauteils.

Jedes Geometrieelement wird **nur einmal** bemaßt. Doppelbemaßung ist zu vermeiden. Gleiche Maße **verschiedener** Geometrieelemente sind jedoch getrennt einzutragen (**Bild 7**, Lagemaß 14 und Formmaß 14).

Geschlossene Maßketten sind zu vermeiden. Ein Hilfsmaß in runden Klammern zählt nicht zur Maßkette (**Bild 7**, Maß 12).

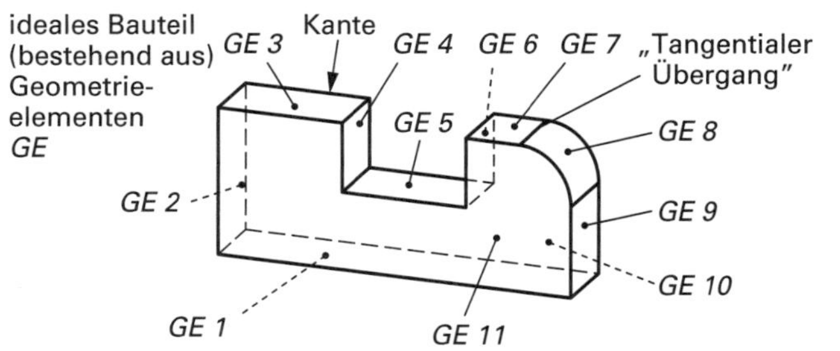

Bild 6

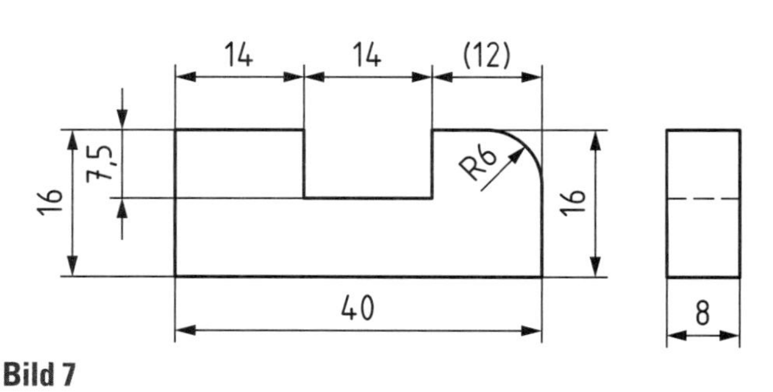

Bild 7

» Anordnung der Maße bei mehreren Ansichten

Maßeintrag erfolgt, wo die Geometrie am deutlichsten zu erkennen ist (**Bild 8**).

Geometrieelemente sollen möglichst vollständig in einer Ansicht bemaßt werden (**Bild 8**).

Maßeintragungen sollten möglichst außerhalb der Umrisse des Bauteils angeordnet werden (**Bild 8**).

Innerhalb einer Ansicht dürfen Maßhilfslinien zur Bemaßung wiederholter Elemente durchgezogen werden (**Bild 9**, Maß 10).

Maßhilfslinien dürfen nicht zwischen zwei Ansichten verlaufen (**Bild 7 bis Bild 9**).

An verdeckten Kanten wird nicht bemaßt, wenn der Maßeintrag an sichtbaren Kanten möglich ist (**Bild 7 und Bild 9**).

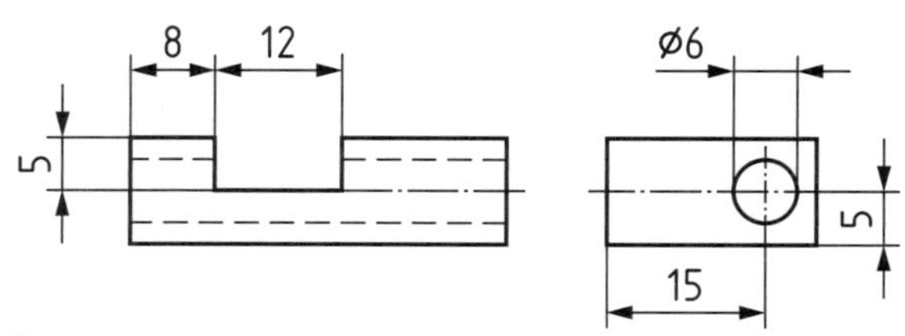

Bild 8

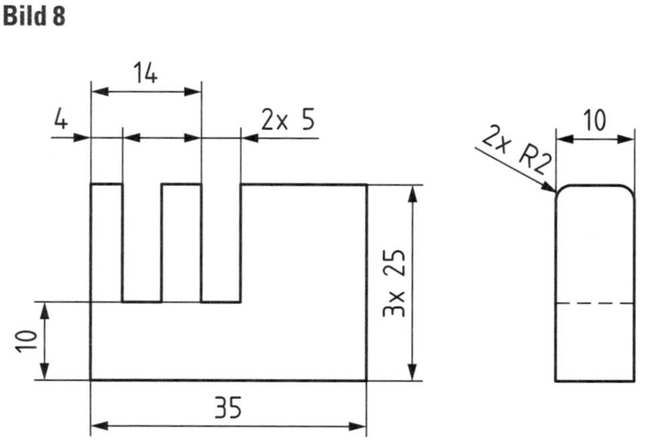

Bild 9

Verdeckte Kanten; Maßeintragung in mehreren Ansichten

Aufgabe 1:

Entwickeln Sie das Stufenprisma von Seite 19 weiter zur Fertigungsstufe 4 in drei Ansichten mit abschließender Bemaßung und Darstellung der verdeckten Kanten. Maßstab 1 : 1

Hinweis: Zeichnen Sie zuerst das Rohteil dünn vor, arbeiten Sie dann die gesamte Fertigung ein. Anschließend zeichnen Sie die vollständigen Konturen und die Bemaßung der Fertigungsstufe 4.

Fertigungsstufe 3

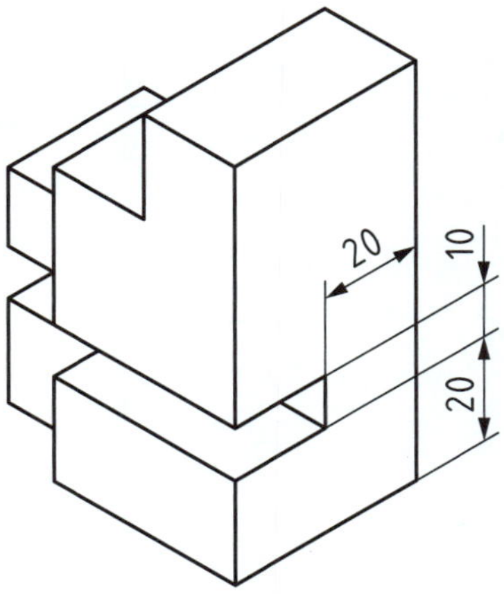

Fertigungsstufe 4

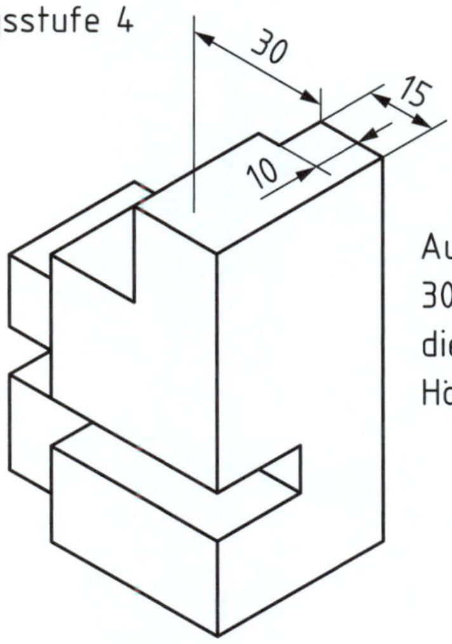

Aussparung 30 x 10 über die gesamte Höhe

Verdeckte Kanten; Maßeintragung in mehreren Ansichten

Aufgabe 2:

Zeichnen Sie vom dimetrisch dargestellten Formstück die Vorderansicht, die Seitenansicht von links und die Draufsicht im Maßstab 1:1 und bemaßen Sie das Formstück normgerecht.

Formstück

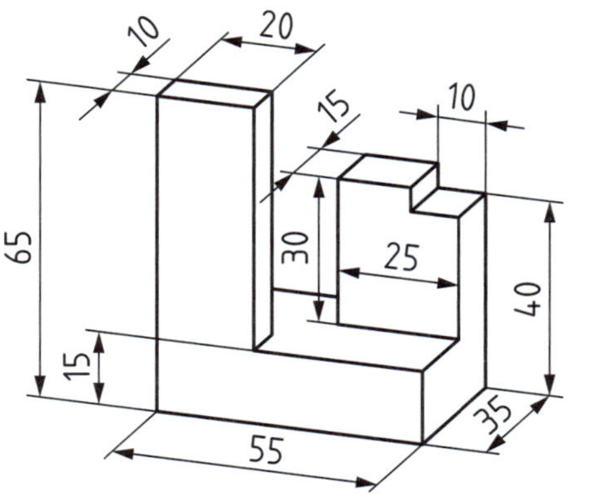

Werkstücke mit schrägen Flächen

Aufgabe 1:

Ergänzen Sie in den gegebenen Ansichten des Gleitstücks die fehlenden Kanten und zeichnen Sie die fehlende Draufsicht vollständig.

Tragen Sie beispielhaft die Projektionslinien für die Außenkontur der Draufsicht als Strichlinien ein.

Gleitstück 1:1

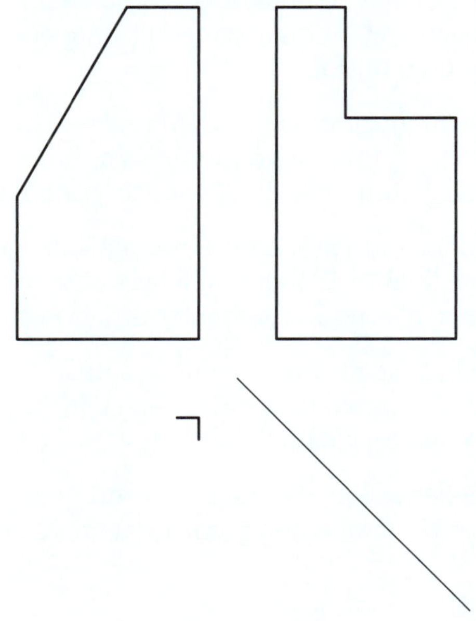

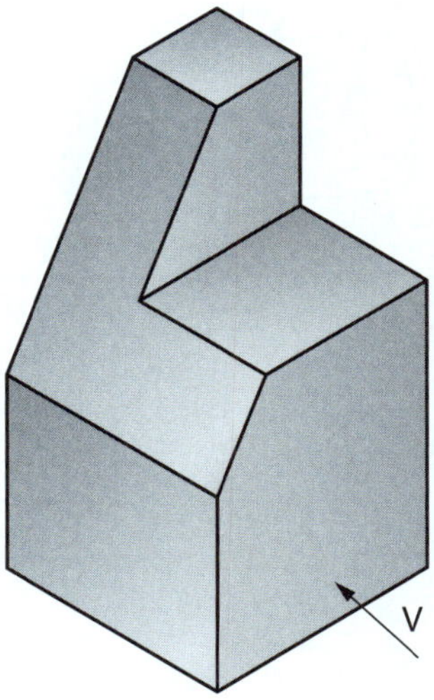

Aufgabe 2:

Zeichnen Sie die fehlende Vorderansicht der Spannklaue.

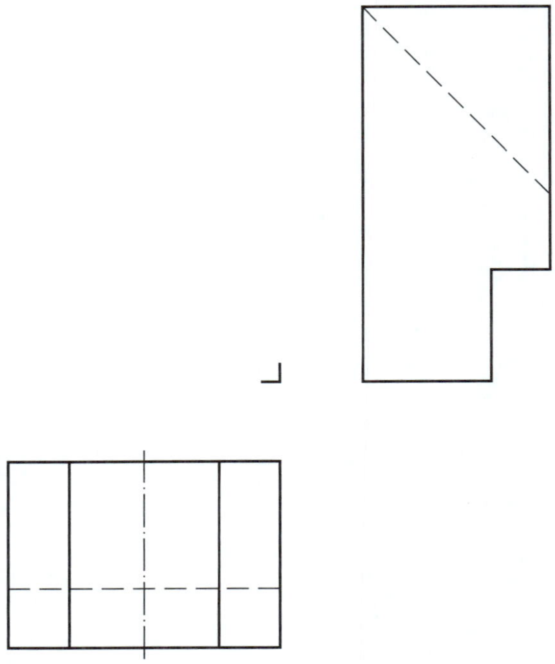

Aufgabe 3:

Zeichnen Sie die fehlende Draufsicht des Passstücks und ergänzen Sie, wenn notwendig, die vorhandenen Ansichten.

Passstück 1:1

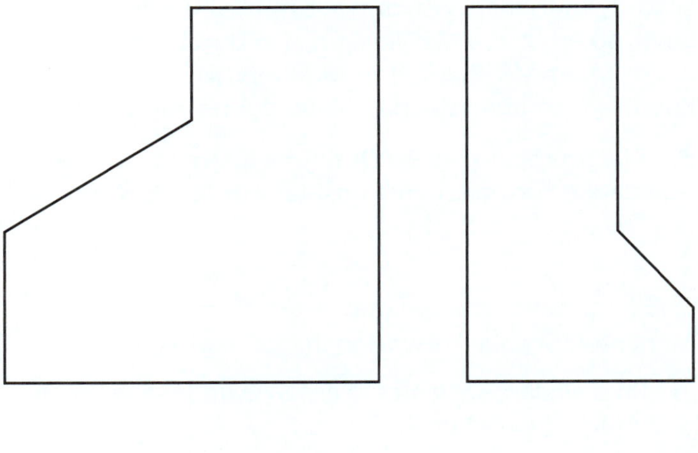

Zylindrische Werkstücke

» Darstellung von zylindrischen Werkstücken

Zylindrische Werkstücke werden häufig in der Vorderansicht in Fertigungslage mit waagerechter Achse gezeichnet **(Bild 1)**.

Die Längsachse wird als Mittellinie durch eine schmale Strich-Punktlinie eingezeichnet und steht seitlich etwa 3 mm über den Grundkörper hinaus **(Bild 1)**.

Ergänzend kann eine Seitenansicht gezeichnet werden **(Bild 1)**. Diese erhält ein etwas überstehendes Achsenkreuz aus schmaler Strich-Punktlinie **(Bild 1)**.

Zylindrische Körper mit Absätzen in der Vorderansicht erhalten in der Seitenansicht kreisförmige Umlaufkanten **(Bild 2)**.

Bei kegeligen Werkstücken und Fasen werden ebenfalls Umlaufkanten gezeichnet **(Bild 3)**.

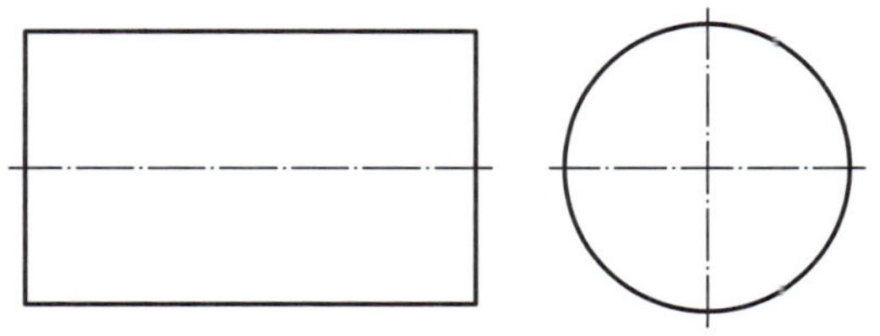

Bild 1

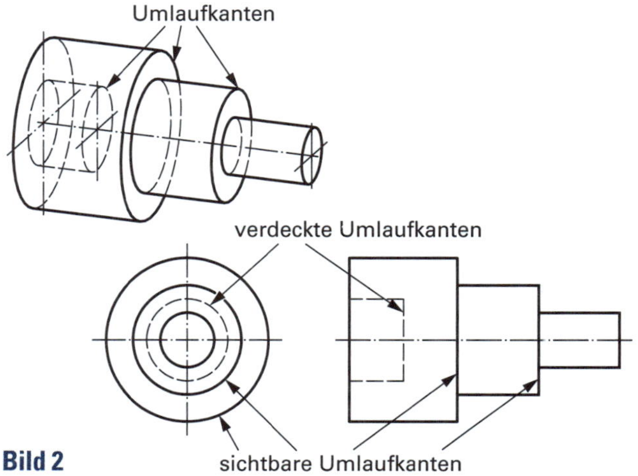

Bild 2

» Maßwerte zylindrischer Werkstücke eintragen

Die Längenmaße werden von der Stirnfläche aus eingetragen, von der die Zerspanung erfolgt **(Bild 3)**. Wird das Werkstück bei der Zerspanung umgespannt, dann wird von den getrennten Planflächen aus bemaßt. Die Bemaßung erfolgt entweder durch Parallelbemaßung oder fortlaufende Bemaßung **(Bilder 3 und 4)**.

Die Durchmesser können in der Vorder- oder Seitenansicht eingetragen werden. Durchmessermaße erhalten immer das Durchmesserzeichen **(Bild 5)**.

Beim Eintrag des Durchmessermaßes innerhalb des Werkstücks wir der Maßwert seitlich versetzt zur Mittellinie platziert (**Bild 5**, Ø32) oder die Mittellinie wird unterbrochen (**Bild 5**, Ø24).

Sind zylindrische Werkstücke nur teilweise dargestellt, so erhält die Maßlinie für den Durchmesser nur einen Maßpfeil **(Bild 6)**. Die Maßlinie wird dabei verkürzt, jedoch über die Mittellinie ragend dargestellt.

Bei Platzmangel können Durchmessermaße von außen an die Formelemente gesetzt werden **(Bild 7)**.

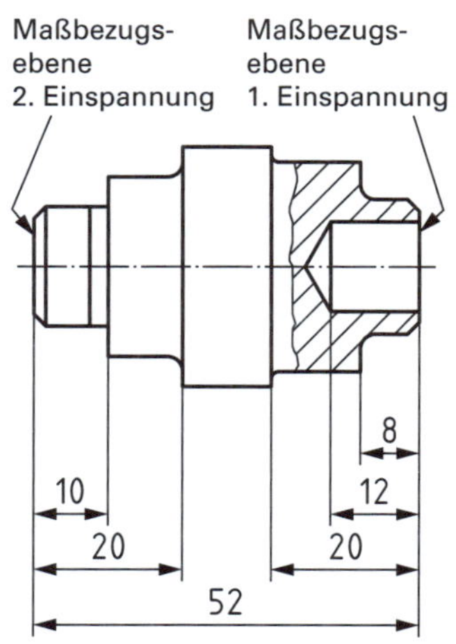

Bild 3

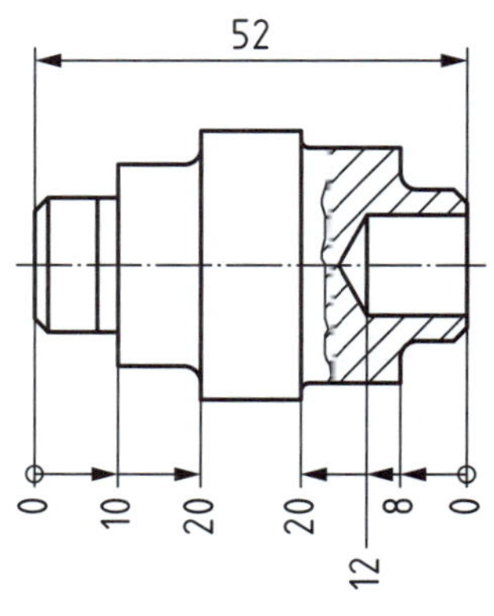

Bild 4

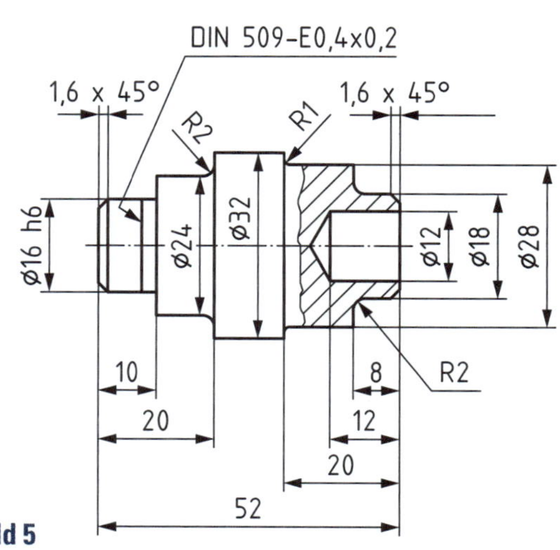

Bild 5

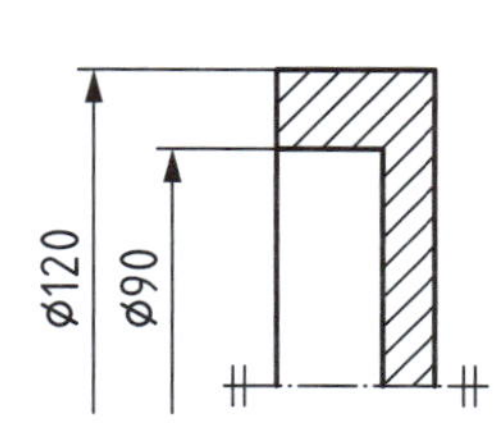

Bild 6

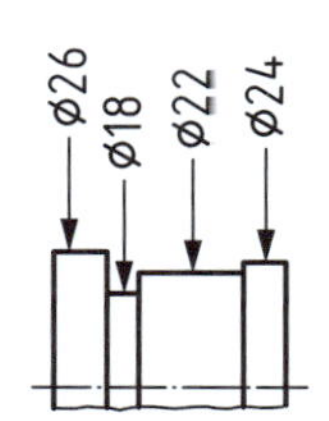

Bild 7

Aufgaben:

Markieren Sie die Antworten im Text farblich.

1. In welchen Ansichten werden zylindrische Werkstücke gezeichnet?
2. Welche Bezugsfläche wird bei der Bemaßung angewendet?
3. Wie werden Durchmessermaße gekennzeichnet?
4. Wie wird die Bemaßung in **Bild 4** bezeichnet?
5. In welchen Fällen wird die Maßlinie des Durchmessermaßes mit nur einem Maßpfeil gezeichnet?

Zylindrische Werkstücke

Aufgabe 6:

Zeichnen und bemaßen Sie im Maßstab 1:1 einen Bolzen aus Werkstoff 10SPb20.

Der Bolzen hat von der rechten Stirnseite ausgehend folgende Geometrieelemente:

- Zylindrischer Absatz Ø15, 30 mm lang, inklusive Übergangsradius 3 mm links, Fase 2 x 45° rechts,
- Zylindrischer Absatz Ø25, 10 mm lang,
- Zylindrischer Absatz Ø35, 45 mm lang,
- Zylindrischer Bolzenkopf Ø55, 15 mm lang, inklusive linker (kegelstumpfförmiger) Fase 5 x 45°
- Übergang am Ø35 als vereinfachte Angabe: Freistich DIN 509 – E 0,8 x 0,3
- Zeichnungsangabe für beidseitige, am Fertigteil erforderliche Zentrierbohrungen ISO 6411 – A 2/4,25

Geben Sie den Bauteilnamen, Werkstoff und Maßstab auf der Zeichnung an.

Aufgabe 7:

Tragen Sie die fehlenden Maße für die im Teilschnitt (Maßstab 5:1) dargestellte Innenkontur der linken Zentrierbohrung ISO 6411 – A 2/4,25 ein.

5:1

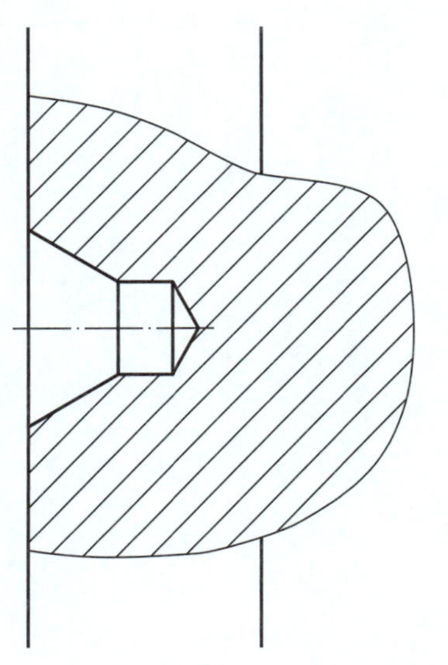

Zylindrische Werkstücke

Aufgabe 8:

Zeichnen Sie den abgebildeten Steckbolzen in der Vorderansicht und bemaßen Sie ihn vollständig.
Geben Sie den Bauteilnamen, Werkstoff und Maßstab auf der Zeichnung an.
Werkstoff: 16MnCr5, Maßstab 1:1

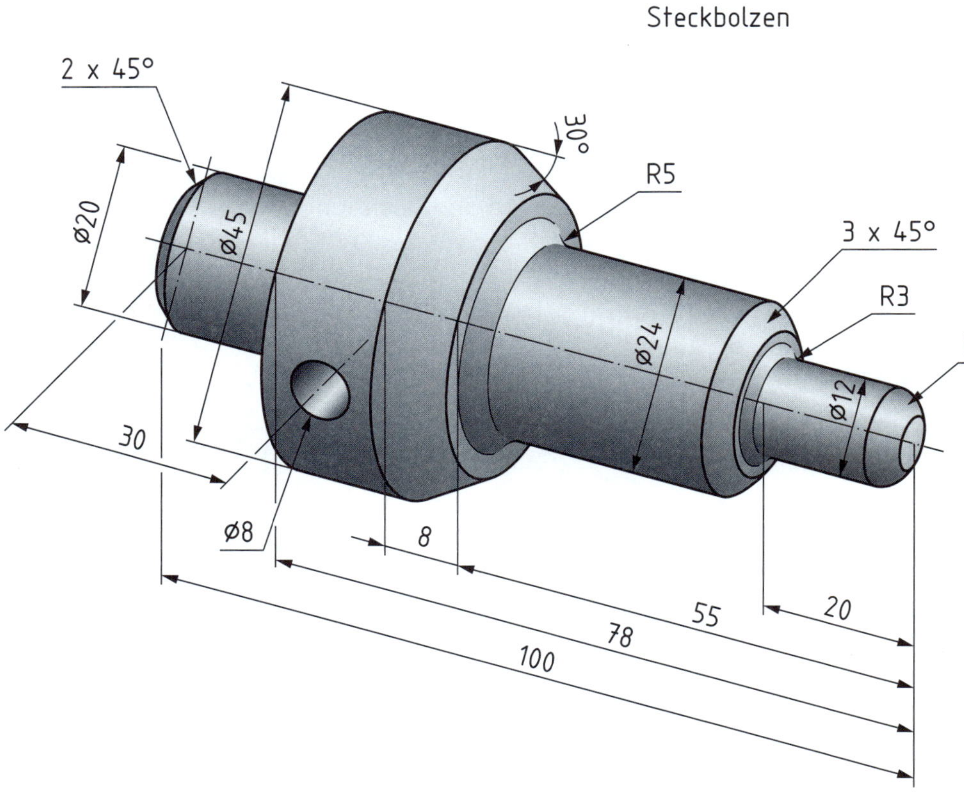

Zylindrische Werkstücke

Aufgabe 9:

Zeichnen Sie die abgebildete Halterplatte in der Vorderansicht (VA), in welcher die vier Bohrungen Ø8 mm und deren Position auf dem Lochkreis sowie die verdeckt sichtbare Querbohrung Ø6 mm in waagrechter Ausrichtung zu erkennen sind.

Zeichnen Sie zusätzlich eine Seitenansicht von links. Bemaßen Sie die Halterplatte vollständig.

Werkstoff: 11SMnPb30, Maßstab 1:1

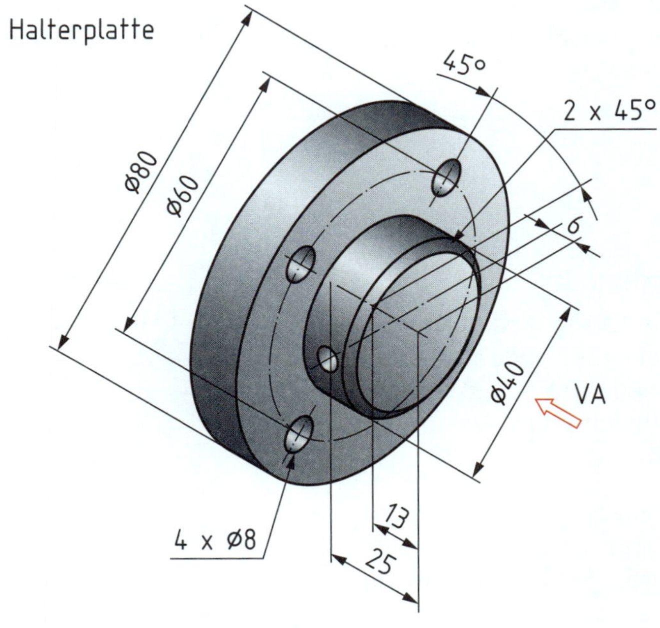

Zylinderschnitte (achsparallel)

» Achsparallele Zylinderschnitte

Parallel zur Achse verlaufende Absätze ergeben rechteckige Flächen **(Bild 1)**.

Liegt der Absatz oberhalb der Zylindermitte, so ist die Breite der entstehenden Fläche kleiner als der Zylinderdurchmesser **(Bild 1)**. Liegt der Absatz in der Zylindermitte, so ist die Breite der entstehenden Fläche gleich dem Zylinderdurchmesser **(Bild 2)**. Geht der Absatz über die Zylindermitte hinaus, so ist die Breite der entstehenden Fläche kleiner als der Zylinderdurchmesser **(Bild 3)**.

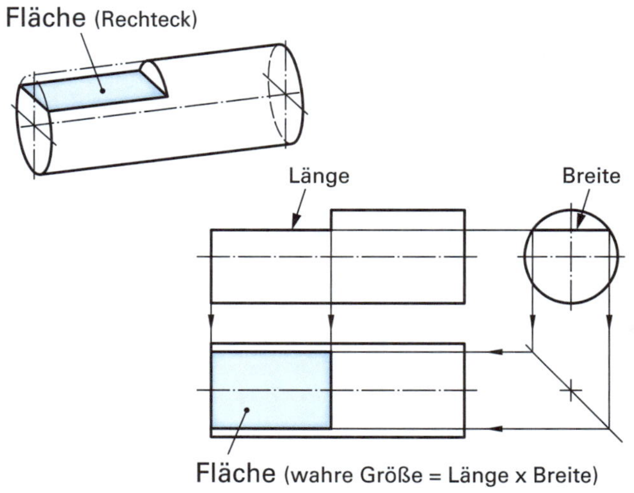

Bild 1

» Schlüsselflächen an Rundteilen

Flächen an Rundkörpern sind häufig Ansatzflächen für Werkzeuge, wie Schlüsselweiten **(Bild 4)**, Sechskant **(Bild 5)**, Vierkant **(Bild 6)**. Die Breite der jeweiligen Fläche wird aus der Ansicht entnommen, welche die Kreisform enthält **(Bilder 4 bis 6)**.

Zum Zeichnen der Ansatzfläche beginnt man in der Ansicht der Kreisform. Dort trägt man nach den Maßen den Vier-, Sechskant oder die Schlüsselweite mit Linien ein.

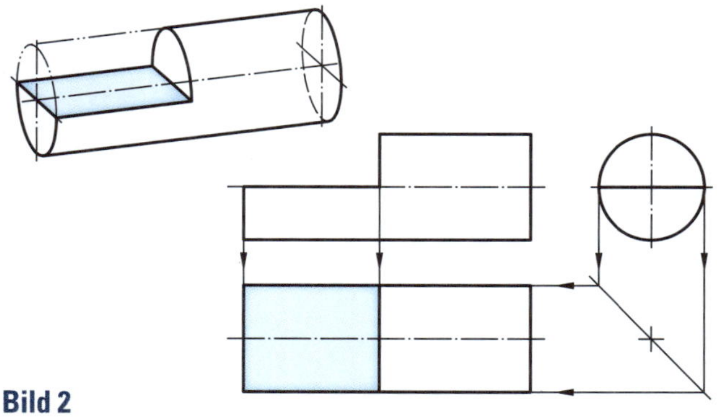

Bild 2

» Kennzeichnung ebener Flächen an Rundteilen

Um ergänzende Ansichten mit der Kreisform zu vermeiden, werden ebene Flächen an Rundteilen mit einem Diagonalkreuz aus schmalen Volllinien gekennzeichnet **(Bild 6)**.

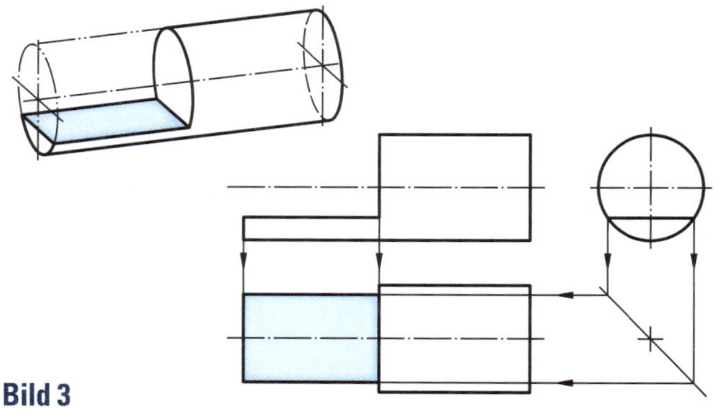

Bild 3

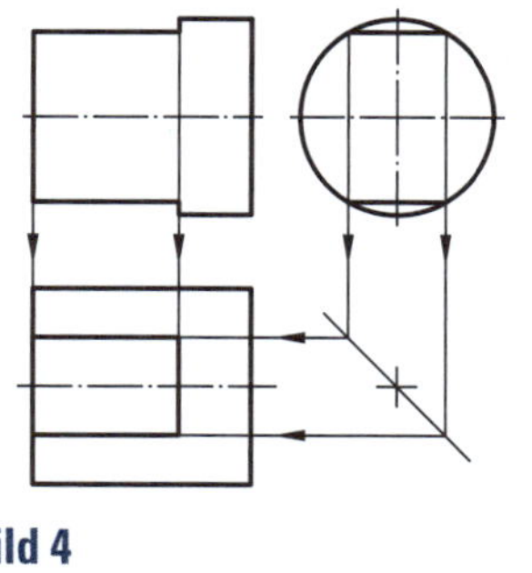

Bild 4

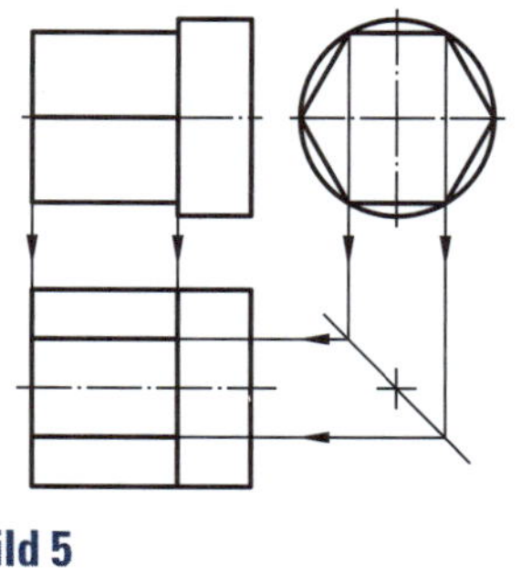

Bild 5

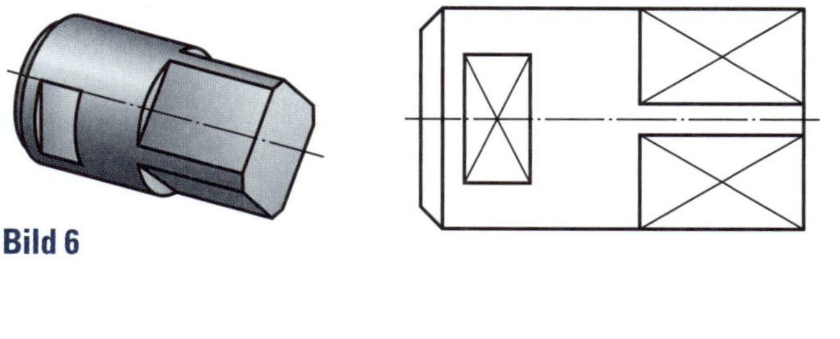

Bild 6

Aufgaben:

Markieren Sie die Antworten im Text farblich.

1. Welche geometrische Grundform haben achsparallele Zylinderschnitte?
2. Wozu werden an Rundteilen ebene Flächen angebracht?
3. Wo beginnt man das Zeichnen eines Sechskantes an einem Rundteil?
4. Wozu werden ebene Flächen an Rundteilen mit einem Diagonalkreuz dargestellt?

Zylinderschnitte (achsparallel)

Aufgaben:

5 Konstruieren Sie die Seitenansicht von links sowie die Draufsicht des Bolzens aus S235JRC+C und vervollständigen Sie die Vorderansicht im Bereich des Vierkantes.

6 Bemaßen Sie den Bolzen in den drei Ansichten und geben Sie Benennung, Werkstoff und Maßstab mit an.

Bolzen

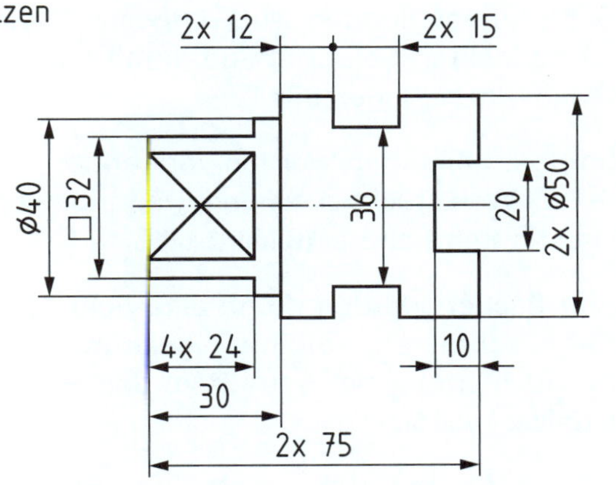

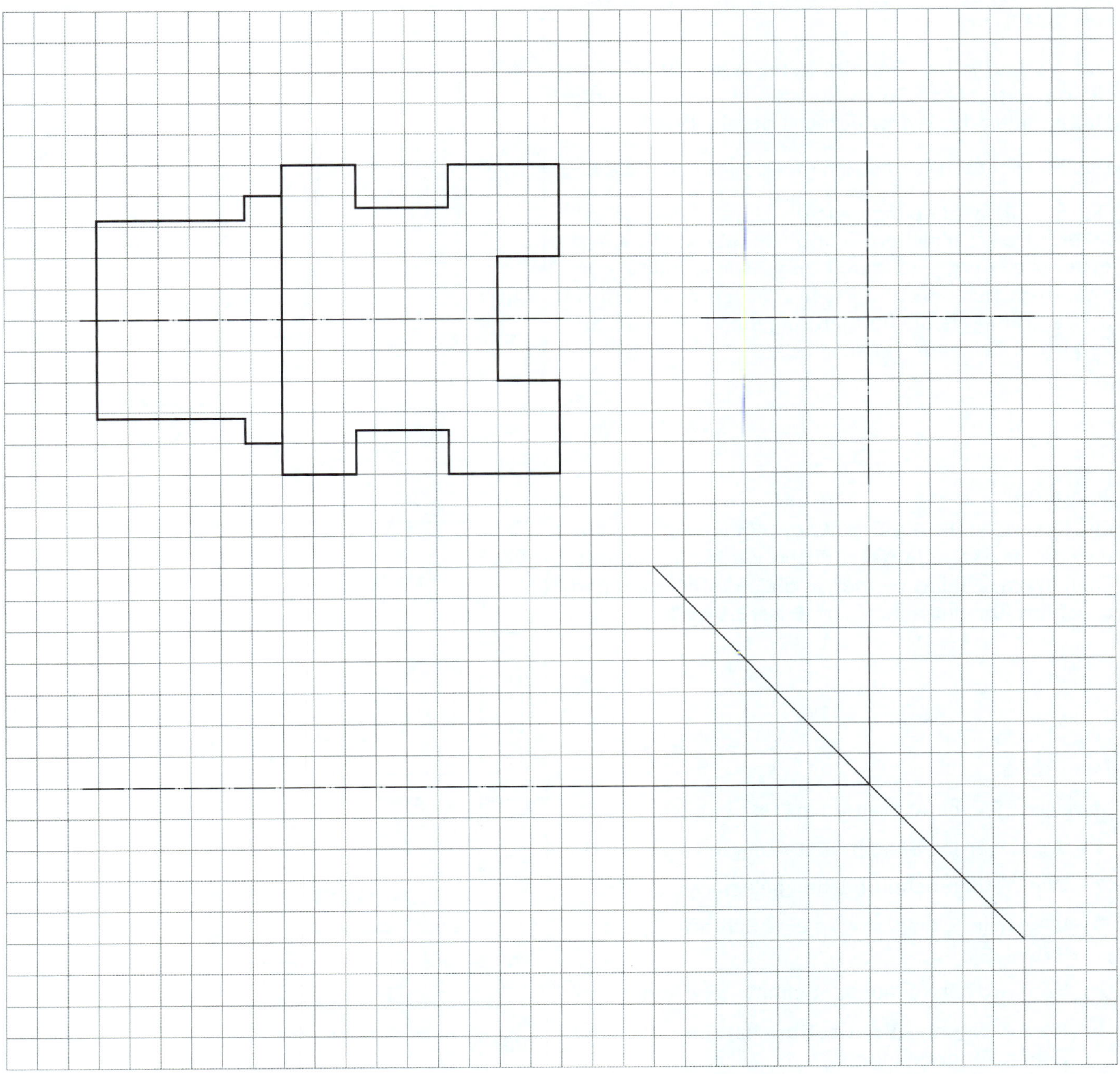

Name: **Klasse:** **Datum:**

Schnittdarstellung, Schnitt

» Schnittdarstellung

In Schnittdarstellungen wird dargestellt, was sich in einer gedachten Schnittebene durch das Werkstück und dahinter befindet **(Bild 1)**.

Schnittdarstellungen werden verwendet, um das Innere des Werkstücks zu zeigen. Dadurch werden verdeckte Kanten sichtbar **(Bilder 2 und 3)**.

Schnittflächen werden durch eine Schraffur mit parallelen schmalen Volllinien gekennzeichnet. Die Schraffurrichtung beträgt 45° zu den Hauptrichtungen **(Bilder 4 und 5)**.

Die Schraffur ist für Maßzahlen und Beschriftungen zu unterbrechen **(Bild 5)**.

Bei großen Schnittflächen darf die Schraffur auf die Randzone beschränkt bleiben, welche den Umriss der Schnittfläche andeutet **(Bild 6)**.

Schmale Schnittflächen können voll geschwärzt werden **(Bild 7)**.

Der Verlauf einer Schnittebene wird durch eine Schnittlinie (breite Strich-Punktlinie) im Bereich der Umrisslinien des Werkstückes angezeigt **(Bild 8)**.

Die Blickrichtung wird durch Pfeile angezeigt **(Bild 8)**.

Der Schnitt wird ebenso wie die zugehörige Schnittlinie mit zwei gleichen Großbuchstaben z. B. A – A gekennzeichnet und damit zugeordnet **(Bild 8)**. Die Schnittbuchstaben und Pfeile müssen eine Schriftgröße größer als die übrigen Angaben (z. B. Maßzahlen) in der Zeichnung sein.

» Schnitt

Ein Schnitt stellt die Projektion eines Werkstückes dar, das vollständig geschnitten wird. Alle Schnittflächen eines Teiles werden in gleicher Richtung und gleichem Abstand schraffiert **(Bilder 3, 8 und 9)**.

Aufgaben:

Markieren Sie die Antworten im Text farblich.

1. Wozu werden Schnittdarstellungen verwendet?
2. Wie werden Schnittflächen gekennzeichnet?
3. In welcher Linienart wird eine Schraffur gezeichnet?
4. Wie wird der Verlauf der Schnittebene angezeigt?
5. Wozu dienen die Großbuchstaben bei der Schnittkennzeichnung?

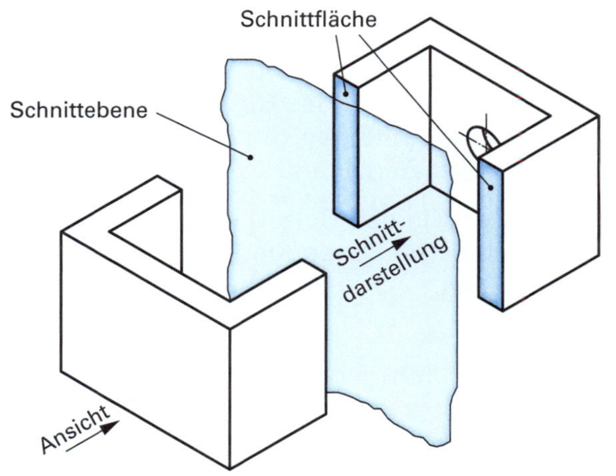

Bild 1

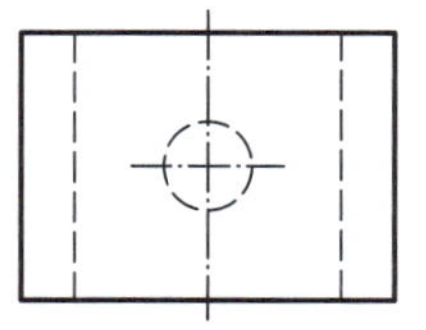

Werkstück in Ansicht

Bild 2

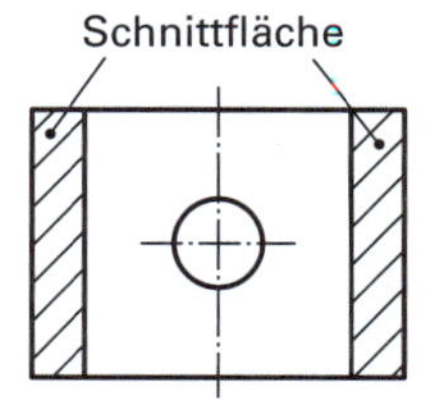

Werkstück im Schnitt

Bild 3

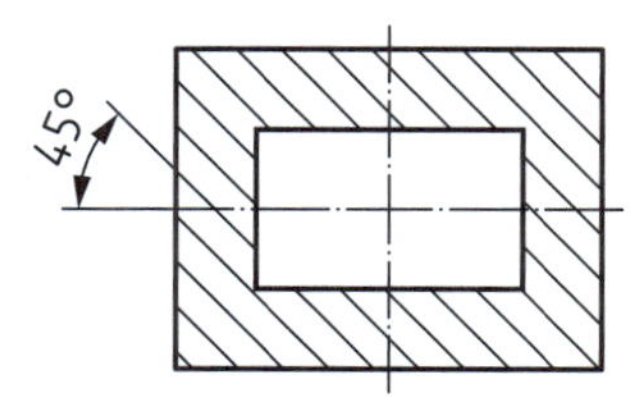

Bild 4

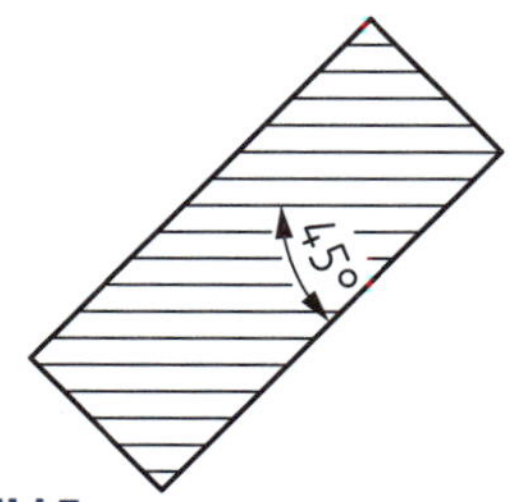

Bild 5

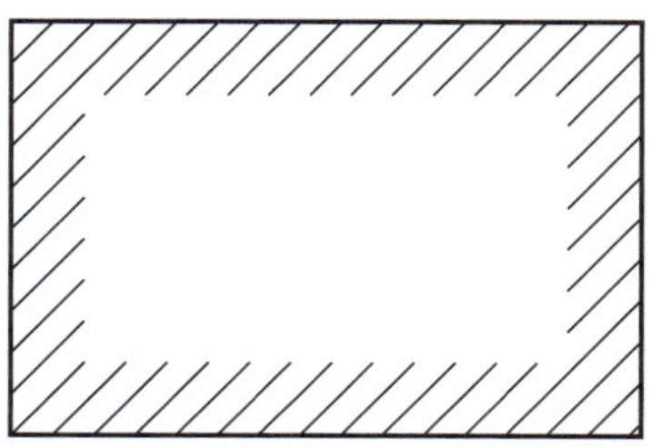

Bild 6

Bild 7

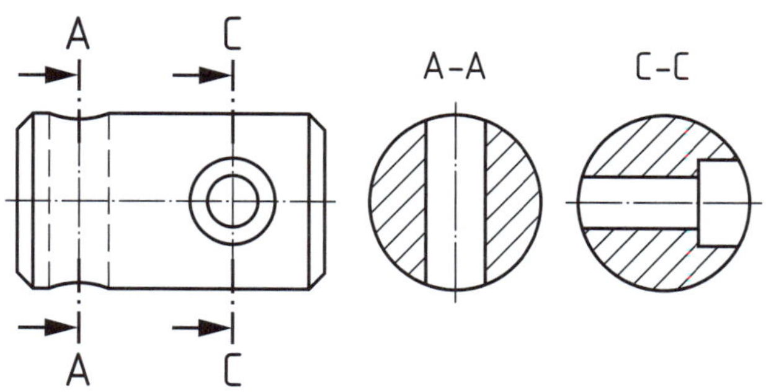

Bild 8

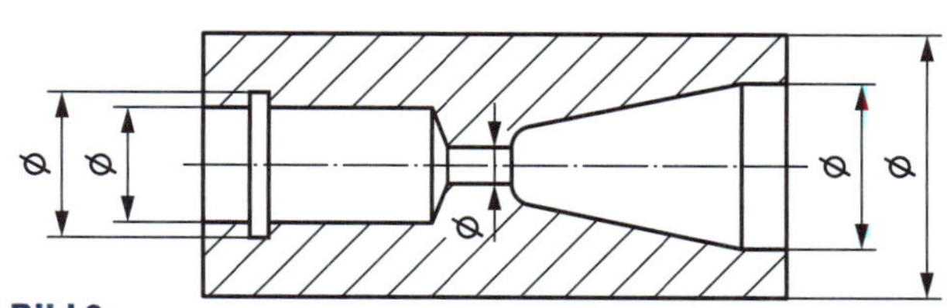

Bild 9

Schnitt

Aufgaben:

6 Von der Spannklaue sind die Draufsicht und die Seitenansicht im Maßstab 1:1 gegeben. Zeichnen Sie die dazugehörige Vorderansicht im Schnitt und tragen Sie die erforderliche Maße normgerecht ein.

7 Bemaßen Sie die Spannklaue aus C45E+QT und geben Sie Benennung, Werkstoff und Maßstab mit an.

Spannklaue

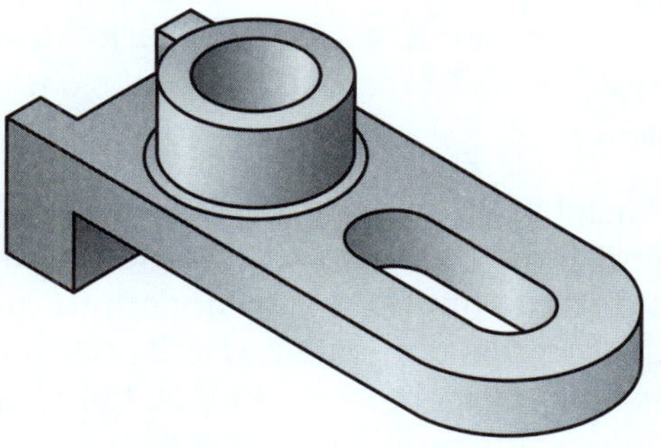

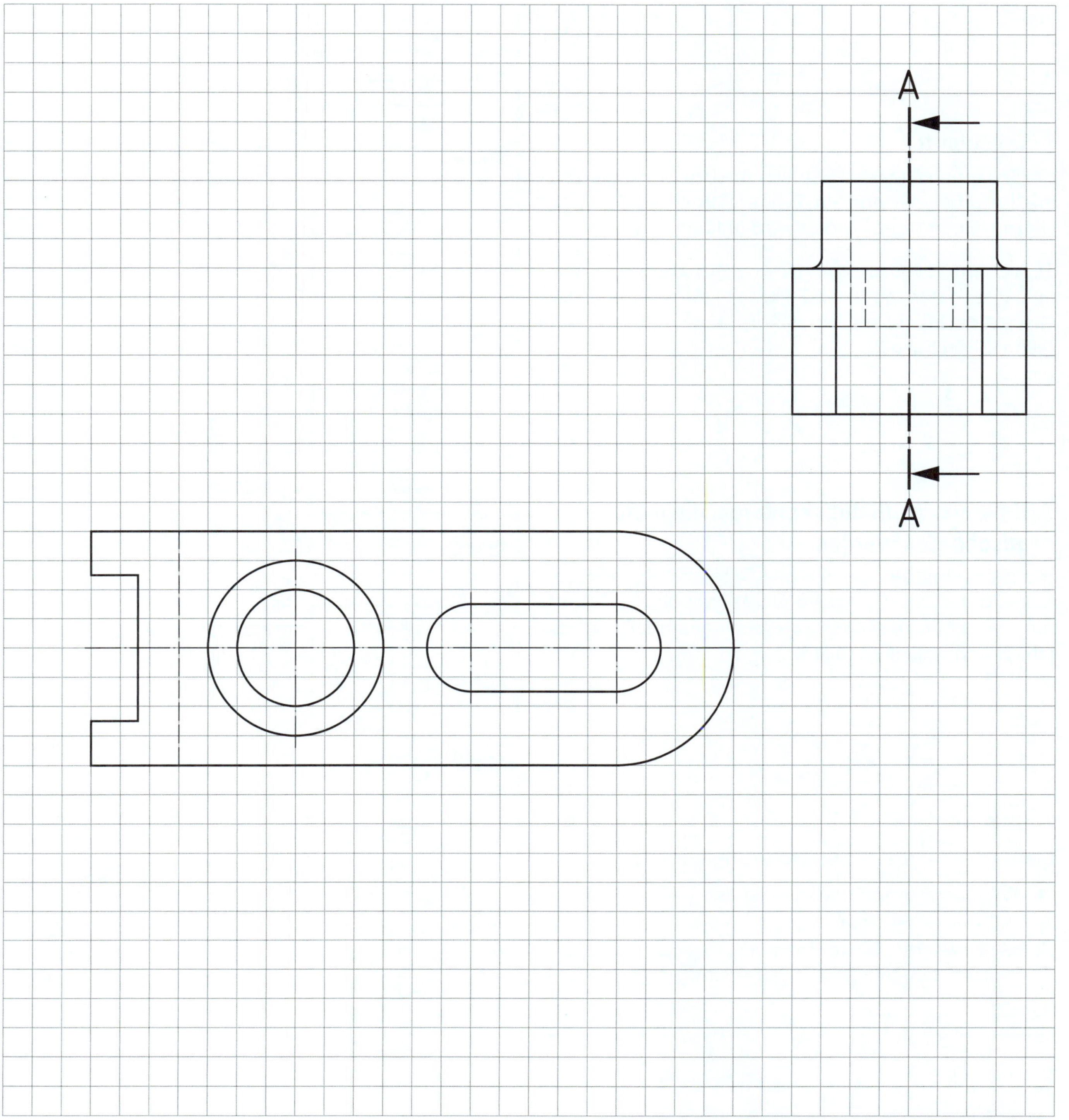

Halbschnitt, Teilschnitt

Halbschnitt

Ein Halbschnitt ist die Darstellung eines symmetrischen Bauteils, das zur Hälfte als Schnitt und zur anderen Hälfte in der Außenansicht dargestellt wird **(Bild 1)**.

Ansichten von symmetrischen Körpern mit Außen- und Innenbearbeitung, werden zum besseren Verständnis häufig als Halbschnitt gezeichnet. Die geschnitten dargestellte Hälfte bei waagerechter Mittellinie wird unterhalb **(Bild 2)**, bei senkrechter Mittellinie rechts gezeichnet **(Bild 3)**.

Liegt eine Körperkante auf der Symmetrielinie, so wird die Mittellinie durch die breite Volllinie überdeckt **(Bild 4)**.

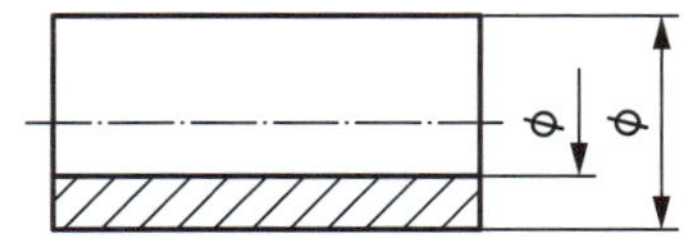

Bild 1

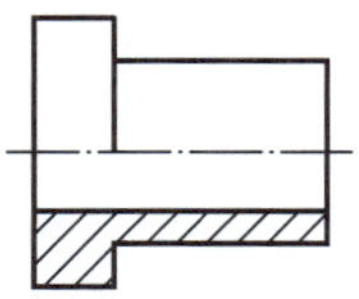

Bild 2

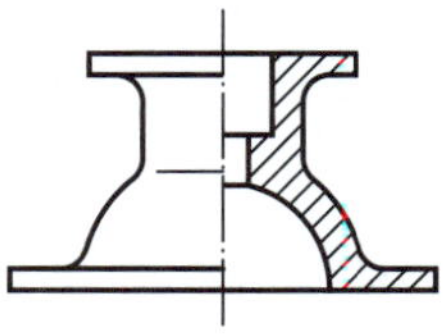

Bild 3

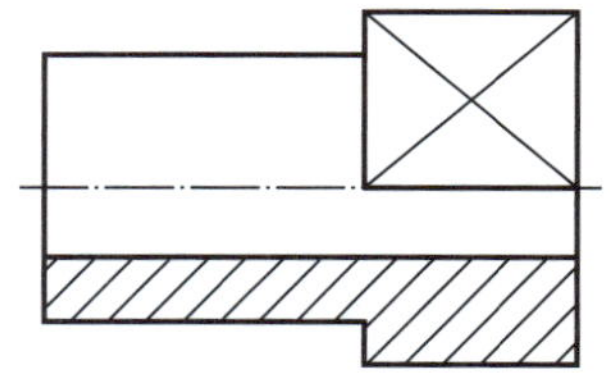

Bild 4

Teilschnitt

Ein Teilschnitt (lokaler Schnitt, Ausbruch) ist die Darstellung, bei der nur ein Teilbereich eines Werkstückes im Schnitt gezeichnet wird **(Bild 5)**.

Teilschnitte werden mit einer schmalen Freihandlinie oder einer schmalen Zickzack-Linie begrenzt. Die Grenze darf nicht mit einer Körperkante zusammenfallen **(Bilder 6 und 7)**.

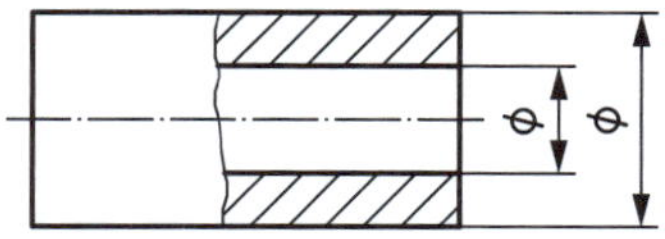

Bild 5

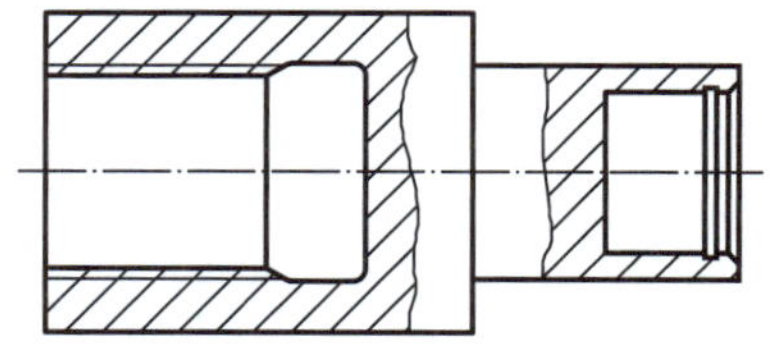

Bild 6

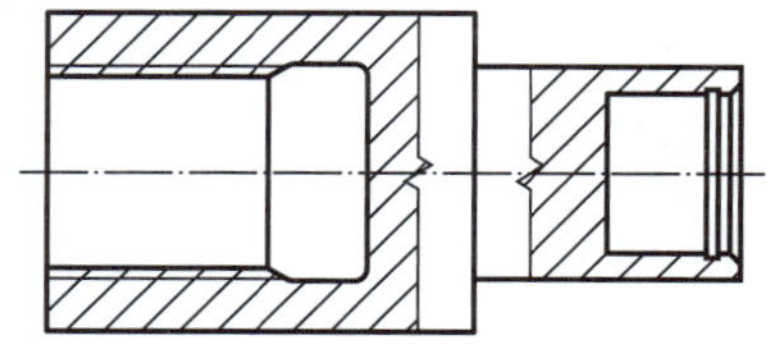

Bild 7

Hinweis: Werkstückkonturen, die nicht geschnitten werden

Nicht geschnitten werden alle Bereiche eines Einzelteiles, die sich als massive Elemente von der Grundform eines Werkstückes abheben sollen, z. B. Rippen **(Bild 8)** und Speichen **(Bild 9)**.

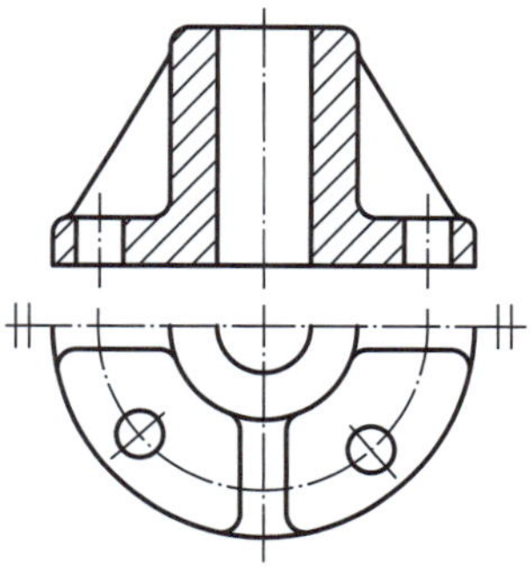

Bild 8

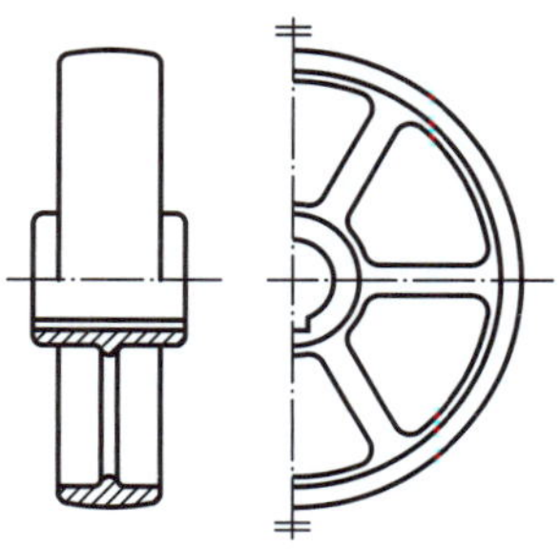

Bild 9

Aufgaben:

Markieren Sie die Antworten im Text farblich.

1. Wodurch unterscheidet sich ein Halbschnitt von einem Teilschnitt?
2. Auf welcher Seite der waagrechten Mittellinie wird die geschnittene Hälfte eines Halbschnittes dargestellt?
3. In welcher Linienart werden Teilschnitte begrenzt?
4. Nenne eine Werkstückkontur eines Einzelteils, die nicht geschnitten dargestellt werden darf.

Name: Klasse: Datum: Blatt-Nr.: 37

Gewindedarstellung Innengewinde

Aufgaben:

1. Ergänzen Sie vom Eckverbinder die Vorderansicht als Schnitt, die Seitenansicht von links und die Draufsicht mit den beiden Teilschnitten durch Einzeichnen der Gewinde und der fehlenden Schraffuren.
2. Bemaßen Sie den Eckverbinder aus S235JRC+C und geben Sie Benennung, Werkstoff und Maßstab mit an.

Eckverbinder

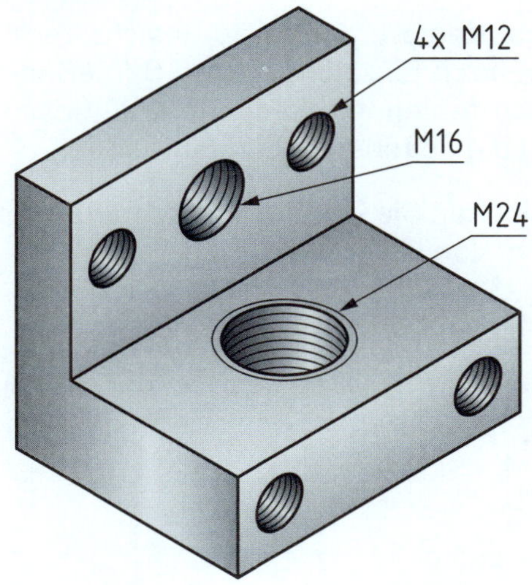

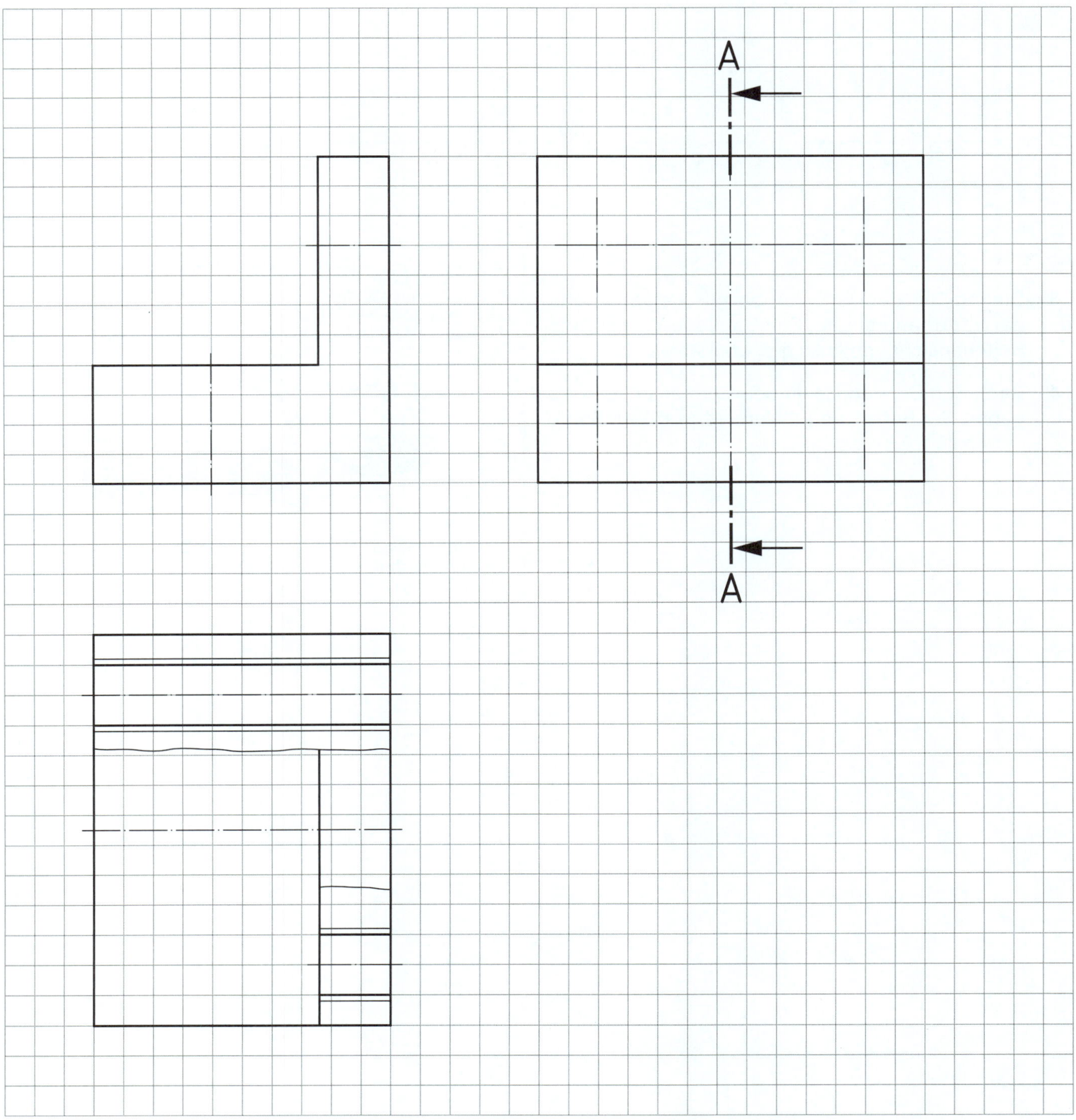

Gewindedarstellung Außengewinde

Aufgaben:

1. Ergänzen Sie die Vorderansicht der Stiftschraube durch Einzeichnen und Bemaßen der beiden noch fehlenden Gewinde M30 links und rechts auf die gegebenen Längenmaße.
2. Zeichnen Sie von der Stiftschraube die Seitenansicht von links.

Stiftschraube DIN 938 –
M30 x 100 – 8.8

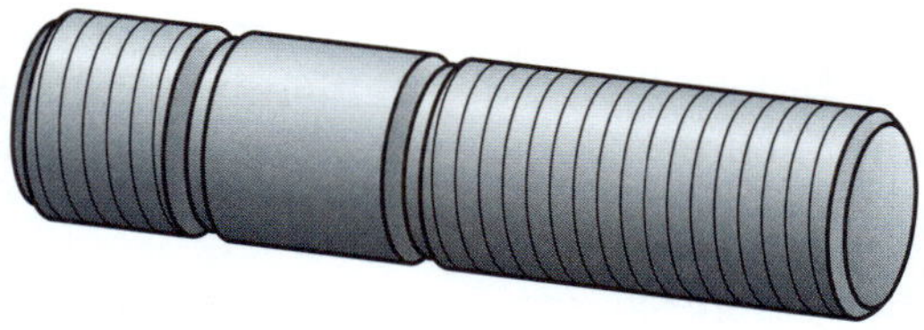

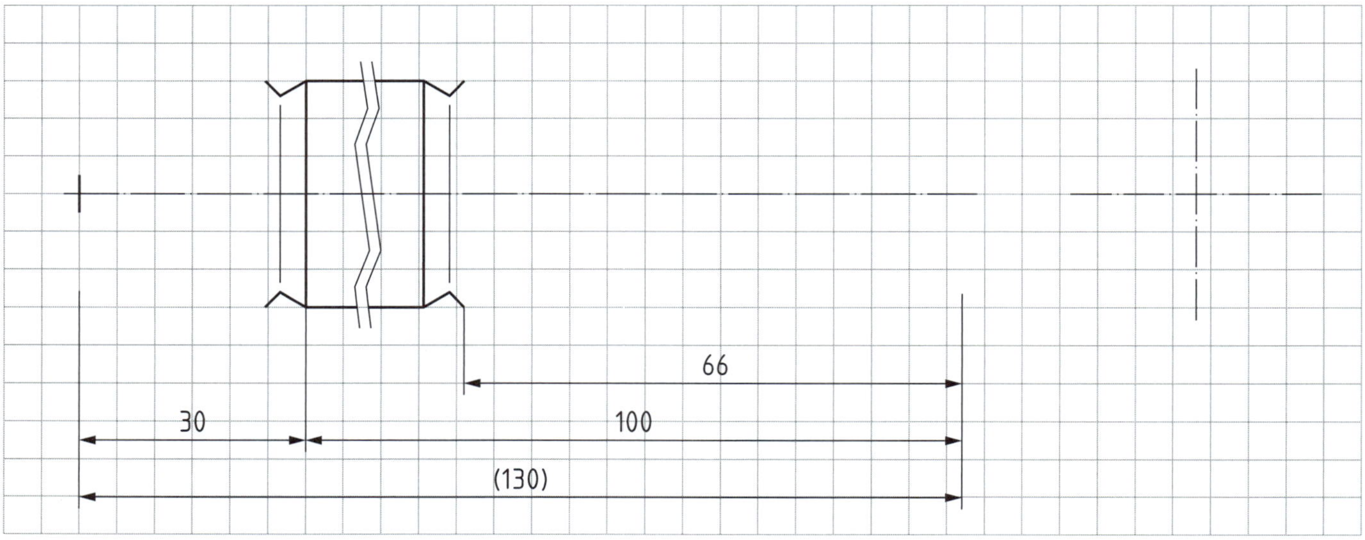

Aufgaben:

3. Stellen Sie den Gewindebolzen entsprechend der Informationen am Schrägbild in Vorder- und Seitenansicht von links dar. Maßstab 1 : 1.
4. Bemaßen Sie den Gewindebolzen aus C15E und geben Sie Benennung, Werkstoff und Maßstab mit an.

Gewindebolzen mit einer Gesamtlänge 80 mm

Linker Zapfen ø20 mm, 25 mm lang; Gewinde M20, nutzbare Gewindelänge 18 mm.

Sechskant 30 mm, 10 mm lang; links und rechts mit Übergangsradius R1.

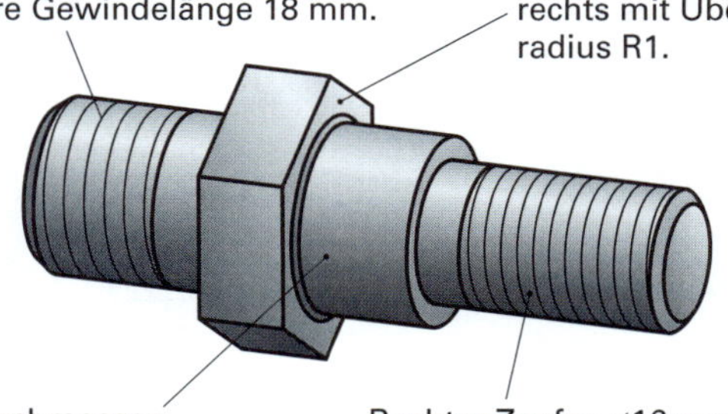

Passdurchmesser ø22 mm, 15 mm lang

Rechter Zapfen ø16 mm, 30 mm lang; Gewinde M16, nutzbare Gewindelänge 25 mm.

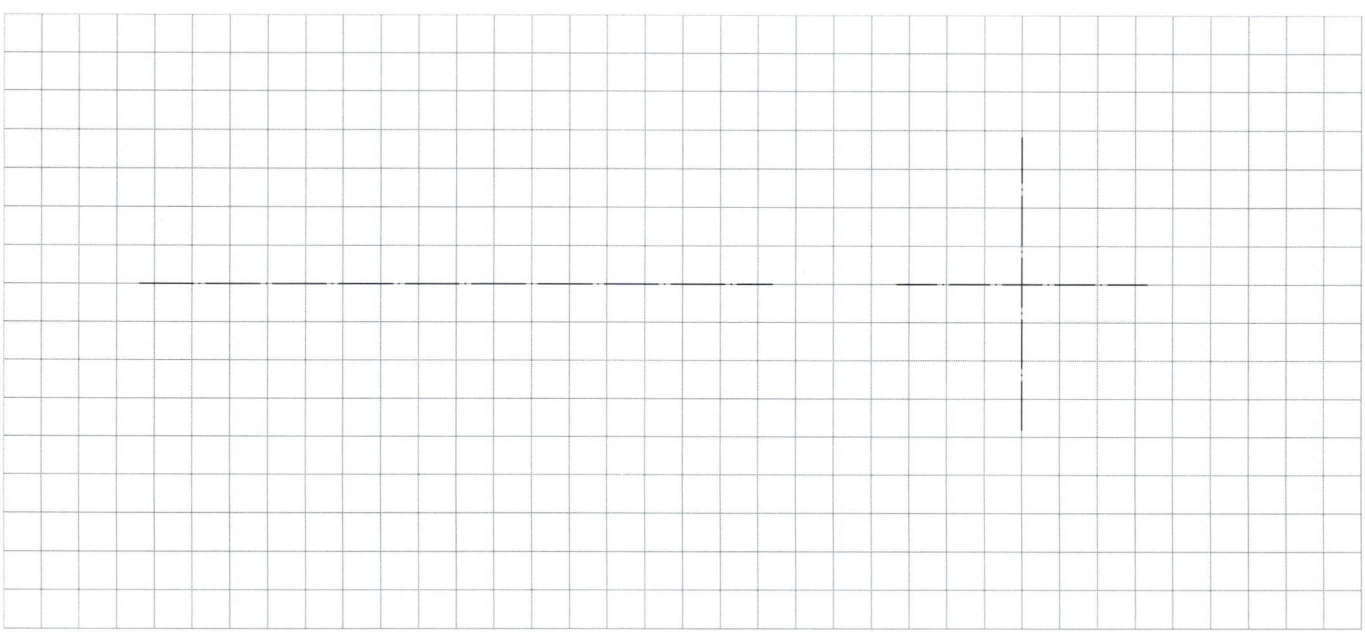

Testen Sie ihr Wissen

1 Welche der folgenden Aussagen ist richtig?

a) Schraffurlinien werden mit Freihandlinien gezeichnet.

b) Sichtbare und verdeckte Kanten werden mit breiten Volllinien gezeichnet.

c) Sichtbare Umrisslinien werden mit breiten Strich-Punktlinien dargestellt.

d) Zur Darstellung von Mittellinien und Symmetrielinien dienen schmale Strich-Punktlinien.

e) Für Maßlinien, Maßhilfslinien und Maßzahlen wird eine Linienbreite verwendet.

2 Ein Werkstück hat eine Breite von 40 mm. Es soll im Maßstab 2:1 gezeichnet werden. Wie breit ist es zu zeichnen?

a) 80 mm

b) 40 mm

c) 20 mm

d) 16 mm

e) 10 mm

3 Welche Aussage zur rechts abgebildeten Maßeintragung ist falsch?

a) Maßpfeile haben einen Schenkelwinkel von 30°.

b) Maßwerte sind von unten und von rechts lesbar einzutragen.

c) Die Maßwerte müssen den tatsächlichen Größen der Geometrieelemente entsprechen.

d) Der Maßwert 175 ist auch ohne den Zusatz 2x für das gegenüberliegende Geometrieelement gültig.

e) Die Dicke flacher Werkstücke darf mit $t =$ angegeben werden.

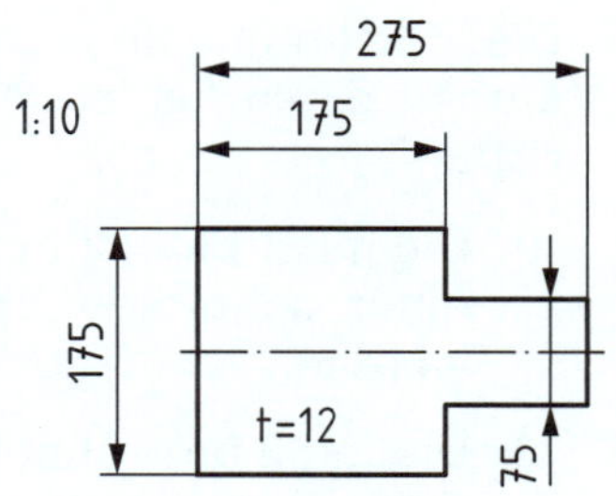

4 Welche Antwort zu nebenstehendem Bild ist richtig?

a) Die Ansicht in Richtung 1 heißt „Vorderansicht".

b) Die Ansicht in Richtung 2 heißt „Seitenansicht von links".

c) Die Ansicht in Richtung 3 heißt „Rückansicht".

d) Die Ansicht in Richtung 4 heißt „Seitenansicht von links".

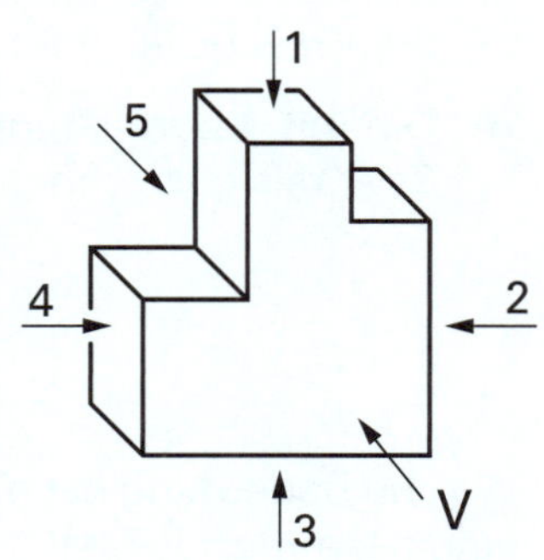

5 Welche Aussage zu nebenstehendem Bild ist richtig?

a) Die Darstellung ist ein Halbschnitt.

b) Die Trennungslinie zwischen Schnitt- und Ansichtsteil muss als breite Volllinie gezeichnet werden.

c) Die Schraffurlinien müssen senkrecht gezeichnet werden.

d) Die Darstellung zeigt einen Teilschnitt (Viertelschnitt).

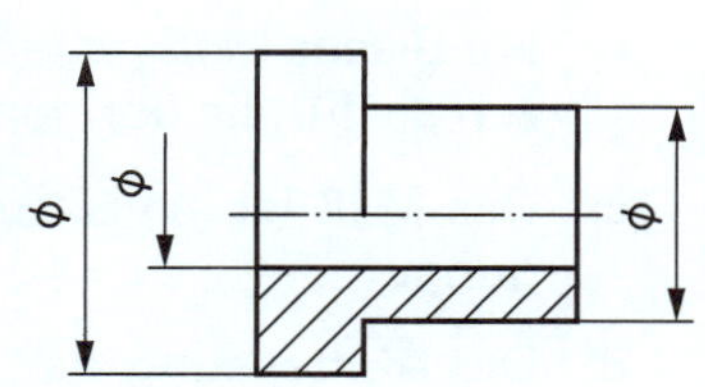

Testen Sie ihr Wissen

6 Suchen Sie in nebenstehenden Bildern (1 – 12) die zu den dargestellten Werkstücken passenden Vorderansichten und notieren Sie die Vorderansichtsnummer am Schrägbild.

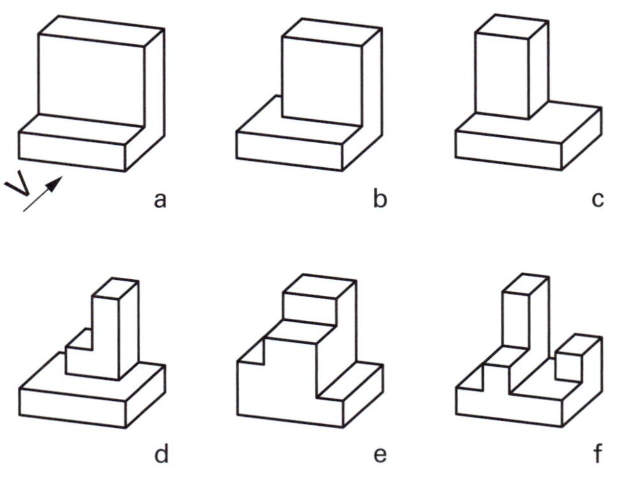

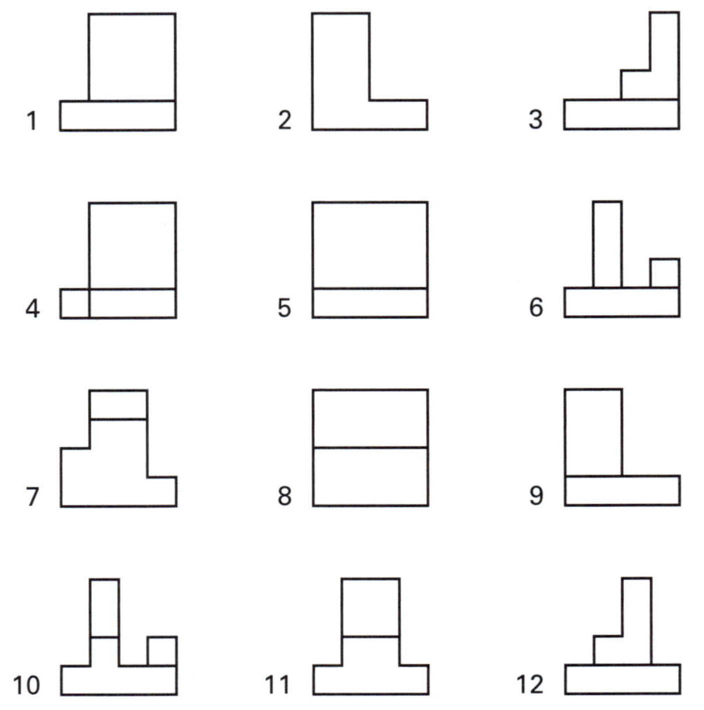

7 Die Zeichnung im nebenstehenden Bild enthält einen Fehler. Welche Aussage ist richtig?

a) Die mit 1 bezeichnete Linie müsste mit einer schmalen Volllinie gezeichnet werden.

b) Die mit 2 bezeichnete Linie müsste mit einer breiten Volllinie gezeichnet werden.

c) Die mit 3 bezeichnete Linie müsste als 3/4-Kreis gezeichnet werden.

d) Die mit 4 bezeichnete Linie müsste als 3/4-Kreis gezeichnet werden.

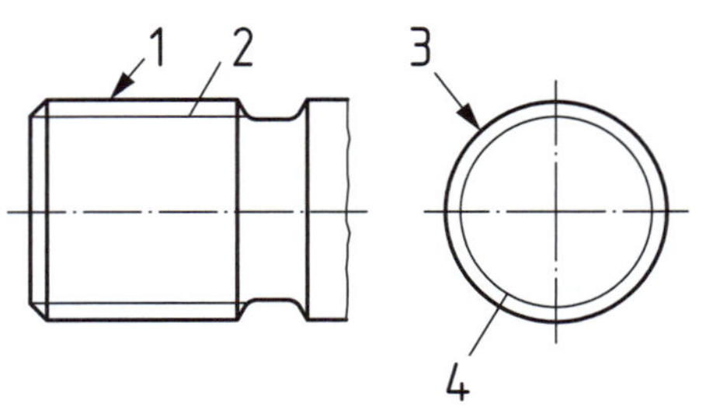

8 Welche Bedeutung hat ein in der Zeichnung eingeklammertes Maß (z. B. Maß 12, nebenstehendes Bild)?

a) Das Maß wird besonders geprüft.

b) Für dieses Maß gelten kleinere Toleranzen als für die übrigen Maße.

c) Das Maß ist ein Hilfsmaß für die Fertigung.

d) Die Abmessung der Zeichnung ist an dieser Stelle nicht maßstäblich.

e) Das Maß wurde nachträglich geändert.

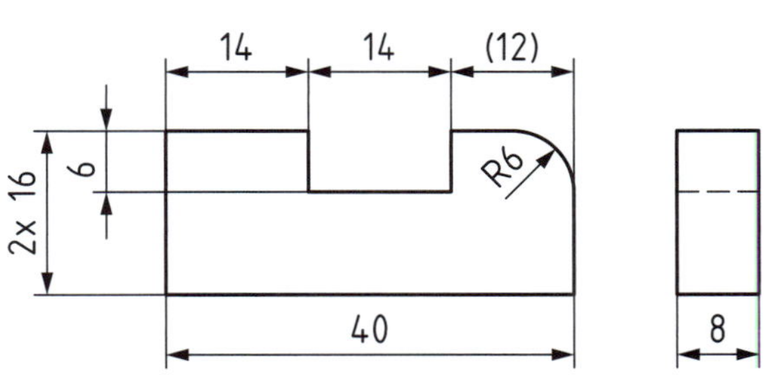